2016

山东黄河三角洲

国家级自然保护区年度监测报告

山东黄河三角洲国家级自然保护区管理局 ■ 编著

中国林业出版社
China Forestry Publishing House

图书在版编目(CIP)数据

2016山东黄河三角洲国家级自然保护区年度监测报告 / 山东黄河三角洲
国家级自然保护区管理局编著. -- 北京：中国林业出版社,2018.5
ISBN 978-7-5038-9570-8

Ⅰ.①2… Ⅱ.①山… Ⅲ.①黄河－三角洲－自然保护区－环境监测－研
究报告－山东－2016 Ⅳ.①S759.992.52

中国版本图书馆CIP数据核字(2018)第099950号

中国林业出版社 · 自然保护分社 （国家公园分社）

策划编辑　刘家玲
责任编辑　刘家玲　甄美子

出版发行　中国林业出版社
　　　　　　（100009 北京西城区德内大街刘海胡同 7 号）
网　　址　www.lycb.forestry.gov.cn
电　　话　(010) 83143519　83143616
印　　刷　三河市祥达印刷包装有限公司
版　　次　2018 年 12 月第 1 版
印　　次　2018 年 12 月第 1 次
开　　本　889mm×1194mm　1/16
印　　张　8.75　　彩插　8P
字　　数　270 千字
定　　价　60.00 元

2016 山东黄河三角洲
国家级自然保护区年度监测报告

编 委 会

主　　任　邵红双

委　　员　孙成南　苗延健　吕卷章

主　　编　吕卷章　朱书玉

副 主 编　王安东　王伟华　赵亚杰　刘晓丽

编委委员（以姓氏笔划为序）

于海玲　王天鹏　王立冬　王学民　车纯广　牛汝强

付守强　冯光海　毕正刚　许加美　许家磊　李　艳

李寿君　杨长志　吴立新　宋建彬　宋振峰　张希涛

张树岩　岳修鹏　周英锋　路　峰

前 言
Preface

　　山东黄河三角洲国家级自然保护区是生物多样性分布的重要地区，是珍稀野生生物的天然衍生地，其独特的地理位置和特殊生境为生物多样性的存在和发展提供了良好的环境条件。为了摸清自然资源日常动态、自然环境和自然资源现状、保护区建立22年来自然资源的变化情况，为保护管理提供科技支撑，在山东省林业厅和山东省环境保护厅资金、政策等方面的大力支持下，自2014年开始，在吕卷章同志的主持下，先后开展了以水文、水质、气象、鸟类、植物等为主要内容的巡护监测；以植被、昆虫、土壤、大型底栖和浮游动植物为主要内容的本底调查等基础性研究；以生物多样性保护为主要内容的湿地生态系统保护与修复、以互花米草治理为主要内容的潮间带湿地恢复等应用性研究。巡护监测和本底调查工作有序开展，获得了大量宝贵的监测数据，形成了自然保护区的本底资料。应用研究进展顺利，湿地生态系统保护与修复取得突破，东方白鹳栖息地保护工程、黑嘴鸥栖息地改善工程、生态廊道工程三个试验成效显著，为珍稀鸟类提供了优良的生态空间。以东方白鹳、黑嘴鸥等为旗舰种的鸟类种类和数量均大幅度增加，以大型底栖动物为旗舰种类的水下生物得到有效保护和恢复，形成了以疏通水系，促进水循环，构建多样化鸟类栖息地等为主要内容的黄河三角洲湿地保护与修复模式，对黄河三角洲地区乃至全国同类型湿地具有重要的示范作用和推广价值。互花米草在黄河三角洲滨海湿地的入侵机制、扩展动态及其防治措施研究已经展开，以互花米草治理、盐地碱蓬和海草床恢复为主要内容的潮间带湿地恢复研究，将探索出以互花米草治理为主要内容的潮间带湿地生态恢复模式，为黄河三角洲地区和环渤海地区乃至全国泥质海岸互花米草治理和潮间带湿地恢复提供样板。

　　本书在编写过程中，得到了山东省林业厅、山东省环保厅和各个合作团队的大力支持和热情帮助，在各个团队帮助下，及时归纳总结相关研究成果，编制出本书中的相应部分内容。在此，一并表示感谢！同时，也对在历次调查工作中作出贡献的领导和科技工作者表示感谢！

　　本书各章节撰写人员名单如下：

　　第一篇 综述：吕卷章、赵亚杰

　　第二篇 自然保护区环境监测

第一章 水文水质监测：朱书玉、王伟华、赵亚杰、许家磊、于海玲、杨长志、李艳、宋振峰、韩广轩、贺文君、宋维民、李培广、许延宁；

第二章 土壤监测：朱书玉、王安东、张树岩、王立冬、岳修鹏、吴立新、张希涛、王学民、冯光海、车纯广、柳新伟、王颜昊、郭晓冬、梁伟、刘增辉；

第三章 岸线和耕地调查：王安东、路峰、张树岩、岳修鹏、杨长志、李艳、车纯广、毕正刚、宋振峰、王建步、任广波；

第四章 气象监测：王伟华、路峰、岳修鹏、张树岩、车纯广、许家磊、于海玲、杨长志、李艳、宋振峰、韩广轩、贺文君、宋维民、李培广、许延宁、张孝帅。

第三篇 自然保护区动物调查

第一章 鸟类调查：吕卷章、朱书玉、张树岩、王安东、王立冬、张希涛、车纯广、吴立新、冯光海、王学民、许加美、牛汝强、李寿君；

第二章 昆虫调查：王安东、王立冬、张树岩、岳修鹏、吴立新、宋建彬、张希涛、车纯广、王学民、牛汝强、孙丽娟、顾耘、王思芳、张迎春、赵川德；

第三章 大型底栖动物调查：朱书玉、张树岩、王立冬、王安东、许家磊、王学民、牛汝强、车纯广、冯光海、李宝泉、陈琳琳、李晓静、周政权、杨东；

第四章 鱼类调查：路峰、岳修鹏、许家磊、张树岩、王安东、冯光海、车纯广、谭海涛、宋振峰。

第四篇 植物调查

第一章 植被调查：岳修鹏、张树岩、张希涛、车纯广、宋振峰、韩广轩、王光美、张孝帅、刘晓玲；

第二章 互花米草在黄河三角洲滨海湿地的入侵机制、扩展动态及其防治措施研究：吕卷章、赵亚杰、王安东、许家磊、岳修鹏、张树岩、吴立新、冯光海、车纯广、毕正刚、付守强、谢宝华、韩广轩；

第三章 海草调查：王伟华、张树岩、王安东、张希涛、谭海涛、李艳、周毅、张晓梅、王峰、徐少春、顾瑞婷、许帅、岳世栋。

第五篇 湿地修复／恢复模式试验

第一章 东方白鹳栖息地保护工程监测：王安东、赵亚杰、王伟华、杨长志、许家磊、宋建彬；

第二章 生态廊道工程监测：王伟华、赵亚杰、王安东、许家磊、于海玲、杨长志、张洪山、李艳。

编委会

2018 年 11 月

目 录
Contents

第一篇
综述

为了全面掌握山东黄河三角洲国家级自然保护区（简称"自然保护区"）的自然环境、自然资源及生态保护工程实施效果，对自然保护区进行了巡护监测，自然保护区与相关高校、科研院所合作开展专题研究，并将其结果每年对外发布。

水文是指自然界中水的变化、运动等各种现象；水质是水体质量的简称。它标志着水体的物理、化学和生物的特性及其组成的状况。为了解自然保护区水文、水质状况动态变化，根据国家林业局"湿地管理与监测项目"的要求，自然保护区与中国科学院烟台海岸带所韩广轩团队合作开展了黄河现行流路范围内的潮间带湿地水文和水质监测。潮间带水文监测主要利用潮位仪和流速仪等动态监测仪器，实时掌握潮汐水位、流速大小和方向、地表水位、土壤电导率。水质监测采取均匀布设45个样点，室内分析测定透明度、水温、盐度、pH值、COD等16个指标，分析自然保护区的水质类别、盐度等状况。数据统计分析结果表明，该区域以9月水质状况最好，其次为7月，水质较差月份主要发生在4月和12月，其原因主要是由于该时段水量减少，从而导致水体总氮、总磷含量升高。

土壤是地球陆地表面具有一定肥力能够生长植物的疏松表层。为了掌握自然保护区土壤基础数据，自然保护区与青岛农业大学崔德杰团队合作开展自然保护区土壤研究（2016年7月至2018年7月），在自然保护区内自内陆向沿海方向布设10条采样带，取样点共计70个，在每个采样点按照土壤发生层采集土壤剖面样品，取样深度为6层，即0～10cm、10～20cm、20～40cm、40～60cm、60～80cm、80～100cm，每层随机采集3份土壤混合，作为该采样点土壤的代表性样品。测定的内容包括土壤剖面描述、土壤类型、质地、pH值、盐分、土壤有机质、石油烃、土壤微生物量等29个指标。2016年度已采集11个样点土壤剖面，并已完成采样点土壤的八大离子、速效钾、速效磷、全氮、碱解氮、pH值、容重、盐分、有机质的测定工作。

遥感技术具有高空间、高光谱和高时间分辨率的特点，利用获取的大范围空间数据，对自然保护区生物及环境的时空特征进行监测和分析，对指导自然保护区的保护、管理具有重要意义。自然保护区与国家海洋局第一海洋研究所张杰团队合作，开展1996年清八汊改道以来的现行流路河口段岸线变迁遥感监测发现：1996年黄河入海口改道初期，黄河口附近的岸线总长度为127.69km，改道20年后的2016年，黄河口岸线总长度142.96km，其中人工岸线增加31.04km，自然岸线减少15.77km，为保证入海口附近海域生态环境的健康发展，在保持原有自然岸线的基础上，合理控制

人工岸线的增加，并加强对自然岸线的保护。合作开展的自然保护区耕地现状遥感监测发现：整个自然保护区耕地是以种植玉米、小麦为主的旱田，以及种植水稻为主的水田、藕池 3 种耕地类型组成，耕地占自然保护区陆域面积的 22.4%，适当的将原有的耕地进行退耕，恢复自然保护区的自然生态景观，以保证自然保护区的生态安全和生态健康的可持续发展。

鸟类是脊椎动物中的一个大家族，种类繁多，形态各异。自然保护区内鸟类达 368 种，其中国家一级重点保护鸟类 12 种，国家二级重点保护鸟类 51 种。为了掌握鸟类的种类、数量、分布的动态变化，自然保护区科研人员对鸟类开展了长期的调查监测和科学研究。2016 年，鸟类巡护监测共监测到鸟类 12 目 34 科 149 种，其中鸻形目、雁形目鸟类种类最多，分别占比 34.9%、20.1%。黄渤海水鸟同步调查，主要对自然保护区近海滩涂区域的鸟类进行了调查统计，共监测到水鸟 7 目 18 科 73 种 150085 只，较 1997 年同区域水鸟数量（126979 只）有所增加。与安徽大学合作开展的繁殖期东方白鹳调查发现共有 66 对东方白鹳成功参与繁殖，繁育雏鸟 196 只。与全国鸟类环志中心合作开展的黑嘴鸥繁殖与环志，发现黑嘴鸥繁殖种群达到 7186 只，营巢 3593 个，主要分布在一千二管理站湿地恢复区，繁殖种群数量在黄河三角洲创历史新高。2016—2017 年度越冬鹤类等水鸟调查共记录鸟类 35 种 161063 只，其中丹顶鹤 85 只、白鹤 10 只、白头鹤 9 只、灰鹤 4319 只、白枕鹤 2 只。

昆虫是地球上数量最多的动物群体。为了掌握自然保护区昆虫资源的现状，对保护区工作人员进行林业有害生物识别与防治等方面的培训。自然保护区与青岛农业大学顾耘团队合作开展保护区内昆虫普查工作（2015 年 6 月至 2018 年 6 月），主要采用踏查、诱虫灯调查及引诱剂调查方法，调查总面积 1.4 万 hm²，调查路线共 9 条，建设调查标准地 2 块，调查点 15 个，共采集、制作盒装标本 278 盒，完成了林业有害生物调查任务。目前，许多昆虫种类仍在整理鉴定中。

大型底栖动物是湿地和海洋生态系统中重要的生物组份，在食物网的能量和物质循环中发挥重要作用，是滨海湿地鸟类尤其是珍稀濒危鸟类的主要食物来源。其生物多样性周期变化也能够客观地反映海洋环境的特点和环境质量状况，是生态系统健康的重要指示类群，常被用于监测人类活动或自然因素引起的长周期海洋生态系统变化。为了掌握自然保护区内大型底栖动物现状特别是物种数、生物量和丰度等情况，自然保护区与中国科学院烟台海岸带研究所李宝泉团队合作，开展了自然保护区大型底栖动物群落特征研究（2016 年 8 月至 2019 年 8 月）。调查采用定量采泥、定量和定性拖网方法，对湿地、典型潮间带、近海（-3m 以内浅水域）进行系统调查，潮间带设置调查断面 11 条，共 46 个站位，每条断面在高潮区、中潮区和低潮区设置 3 个采样点，每个采样点使用 0.1m² 取样框取样两次，即每个断面取样次数为 6 个，取样深度为 30cm。断面及采样站位置用 GPS 定位，走向与海岸垂直。2016 年度完成了 44 个站位的调查工作，获取潮间带样品 40 瓶，浅海样品 11 袋，样品正在实验室进行分类鉴定。

1990 年黄河三角洲地区引入互花米草，在东营市仙河镇五号桩海滩栽种。互花米草在黄河三角洲扩张十分迅速，经专家调查，2015 年自然保护区内互花米草入侵面积已超过 3200hm²。为了做好互花米草在黄河三角洲滨海湿地入侵机制，扩展动态及其防治措施的研究工作，自然保护区管理局与中国科学院烟台海岸带研究所韩广轩研究团队持续合作 3 年（2016 年 8 月至 2019 年 12

月），投入经费 56 万元，经费来源于国家级及省级自然保护区专项资金（鲁财建〔2016〕10 号）。2016 年度主要开展黄河三角洲互花米草遗传多样性及防治方法等研究，其中防治方法研究包括野外原位试验和室内试验研究，涉及不同的物理和化学防治方法。室内试验测定互花米草的千粒重为 5.17±0.05g，种子漂浮一周后沉降比例超过 95%；黄河三角洲滨海湿地互花米草种群种子繁殖是重要的繁殖方式，大汶流管理站区域的互花米草和五号桩的遗传距离最近。

黄河三角洲国家级自然保护区是众多珍稀濒危鸟类的栖息地和繁殖地，特别是以东方白鹳、黑嘴鸥为主的珍稀水鸟的主要繁殖停歇场所。为了保护好黄河三角洲湿地，最大程度地发挥其生态服务功能，提高湿地生物多样性，改善湿地鸟类栖息地质量，自然保护区先后开展了东方白鹳栖息地保护工程、生态廊道工程，并在每年开展相关指标的跟踪监测，深入分析生态保护与恢复试验数据和实践经验，总结湿地多样性保护成功模式，用于指导自然保护区生态工程的开展。

第二篇
自然保护区环境监测

第一节 水文监测

一、监测区域

水文监测场位于山东黄河三角洲国家级自然保护区黄河口管理站。黄河口海区底部坡度较小，平均比降 0.1‰，大部分岸段的潮汐属不规则半日潮，每日 2 次，潮流基本上是平行于海岸的往复流，每日出现的高低潮差一般为 0.2~2m，大潮多发生于 3~4 月和 7~11 月，潮位最高超过 5m。

二、监测目的

湿地水文是认识湿地生态系统特征以及区分湿地类型的前提，监测湿地水文动态能更好地了解湿地生态环境的变化，对湿地健康环境做出科学评价，同时以在线水文监测数据为依据，分析湿地全年的水文状况、潮汐变化，为湿地的科学管理提供数据支撑，同时为自然保护区湿地保护和合理利用提供科学依据。

三、监测分析方法

黄河口潮间带湿地水文观测系统包括潮位仪和流速仪，安装在潮间带一条潮沟内，距离微气象观测系统 1000m，监测指标主要是潮汐水位、流速大小和方向（图 2-1）。TideMaster 潮位仪设计用于高精度高稳定性的短期或长期潮位测量，主机原始采样频率为 8Hz，连续工作模式为 1Hz。流速仪设备主要包括 3.2cm 直径球形电磁流速仪主机（不锈钢水下仪器舱）、运输箱和带 10m 电缆的数据接线盒，主机原始采样频率为 1Hz。

图 2-1　黄河口潮间带湿地水文观测系统

四、监测结果与分析

（一）流速分析

在 5 月 30 日到 12 月 31 日观测期间，2015 年流速的变化范围为 0.005～0.51m/s，2016 年流速的变化范围为 0.02～0.22m/s，2016 年的流速波动变幅明显小于 2015 年。2015 年潮流平均流速峰值出现在 6 月 7 日，而 2016 年则出现在 10 月 20 日。两年间，每个月份都会出现不同程度的波峰和波谷，可能与天文潮汐有关。2015 年平均流速为 0.1m/s，而 2016 年平均流速为 0.07m/s。10 月，两年间流速差异不大。在非生长季，11 月流速波动差异较大，2015 年平均流速为 0.084m/s，而 2016 年的平均流速为 0.059m/s（图 2-2）。

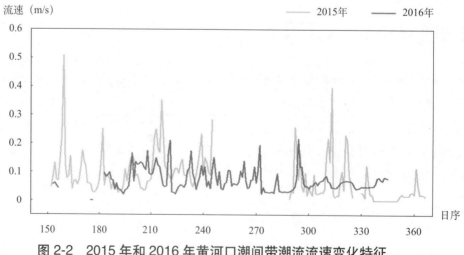

图 2-2　2015 年和 2016 年黄河口潮间带潮流流速变化特征

（二）潮位分析

2016年6月24日到12月12日观测期间，在2016年10月22日时，潮间带潮位高度最大值为1.26m，水位高度在2016年11月8日时达到最低为-0.82m，全年的平均高度为0.017m。每个月都会出现不同程度的潮汐涨落。2016年涨大潮频率较为频繁，7月涨潮最高水位为0.24m，8月潮汐最高水位0.94m。8～9月水位较高，10月水位变幅较大，12月时水位处于平面以下，潮汐活动较为平缓（图2-3）。

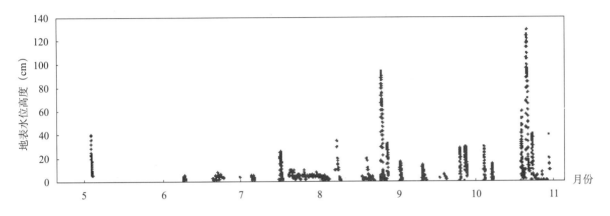

图2-3　2016年黄河三角洲潮间带潮位高度变化特征

（三）地表水位

黄河口潮间带地表水位监测时间为2016年5～10月，水位高度变化主要是由降雨以及潮汐引起，其变化范围为0～130cm。在植被生长萌芽期，降雨以及潮汐活动较少，潮汐较为干旱。8月涨潮引起的最高水位为95cm，8月8日单日降雨量达到335.3mm时，地表水位高度为35cm。9月地面处于湿润状态，水位变化范围不大。10月潮汐过程引起的地表水位最高为130cm，与潮位数据相对应，在植物生长末期潮汐过程较为频繁（图2-4）。

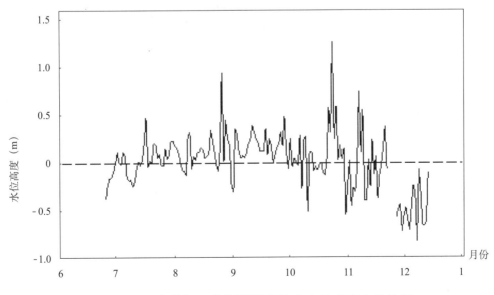

图2-4　2016年黄河三角洲潮间带地表水位高度变化特征

（四）土壤电导率

在 2015 年 5 月 10 日到 2016 年 8 月 25 日观测期间，2015 年 10cm 土壤电导率的日平均变化范围为 4.54～17.17ds/m，2016 年的变化幅度为 2.8～14.7ds/m。在 5～8 月期间，2015 年的土壤电导率普遍高于 2016 年，2015 年干湿交替现象更趋于明显，由地表水位可知（图 2-4），2016 年则一直处于淹水状态，因而土壤盐度较低。监测期间，2015 年 10cm 土壤电导率最低值出现在 6 月 1 日，2016 年电导率最小值则出现 1 月 24 日。春季因为降雨及潮汐活动较弱，土壤电导率变化幅度更大（图 2-5）。

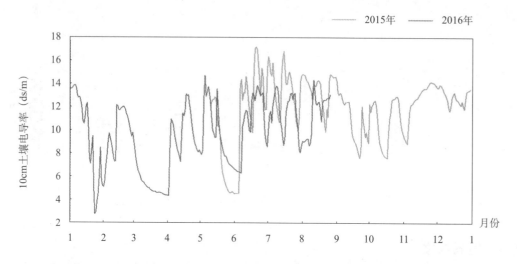

图 2-5　2015 年和 2016 年黄河口潮间带 10cm 土壤电导率变化特征

第二节　水质监测

一、监测时间

依据 2015 年确立的自然保护区水质全面调查样点，于 2016 年 4 月 7 日、7 月 3 日、9 月 7 日及 12 月 15 日，在大汶流和黄河口管理站所辖区域进行全面水质调查。调查时间点综合考虑春季蒸降比最高时期、夏季雨季初期、秋季雨季后期及冬季 4 个典型时间节点。

二、监测区域

监测范围为 1976—1996 年黄河故道区域以及现行黄河入海口新生湿地区域，湿地类型包括河口湿地、潮汐湿地以及非潮汐湿地，兼顾恢复区和未恢复区域的动态监测。共设置 45 个监测位点，其中大汶流管理站区域监测位点 26 个，黄河口区域 19 个。各监测位点的分布如图 2-6 所示，其地理坐标如表 2-1（大汶流管理站区域）和表 2-2（黄河口管理站区域）所示。

视采样时间各监测位点具体情况（干涸或者难以到达的不再采集）而定，4 月采样位点为 45 个，7 月采集位点为 43 个，9 月采集位点为 37 个，12 月采集位点为 40 个。各时期采集样点位置如表 2-1 和表 2-2 所示。

图 2-6　自然保护区 2016 年水质监测样点分布

表 2-1　水质监测位点地理坐标及生境特征（大汶流管理站区域）

位点	经度（°）	纬度（°）	4 月	7 月	9 月	12 月
01	118.9893	37.7566	√	√	√	√
02	119.0245	37.7320	√	√	√	√
03	119.0517	37.7453	√	√	√	√
04	119.0449	37.7338	√	√	√	√
05	119.0447	37.7334	√	√	√	√
06	119.0817	37.7479	√	√	√	√
07	119.1131	37.7466	√	√	√	√
08	119.1131	37.7469	√	√	√	√
09	119.1294	37.7248	√	√		√
10	119.1295	37.7250	√	√		√
Z01	119.1826	37.7506	√	√	√	√
Z03	119.1857	37.7311	√	√	√	√
Z04	119.1675	37.7392	√	√	√	√

（续）

位点	经度（°）	纬度（°）	4月	7月	9月	12月
Z05	119.1826	37.7504	√	√	√	√
Z06	119.2016	37.7392	√	√	√	√
Z07	119.2015	37.7394	√	√	√	
Z08	119.0241	37.7308	√	√	√	√
Z09	119.0235	37.7320	√	√	√	√
Z10	119.0817	37.7479	√	√	√	√
Z11	119.1989	37.7260	√	√		
Z12	119.2157	37.7281	√	√	√	
Z13	119.2259	37.7167	√			
Z14	119.2289	37.7180	√	√	√	
Z16	119.1982	37.7259	√			√
Z17	119.1980	37.7258	√	√		
Z18	119.1373	37.7481	√	√	√	√

表 2-2　水质监测位点地理坐标及生境特征（黄河口管理站区域）

位点	经度（°）	纬度（°）	4月	7月	9月	12月
11	119.1605	37.7724	√	√	√	√
12	119.1605	37.7723	√	√	√	√
13	119.1286	37.7843	√	√	√	√
14	119.1288	37.7843	√	√	√	√
15	119.1286	37.7845	√	√	√	√
16	119.0930	37.7785	√	√	√	√
17	119.0931	37.7783	√	√	√	√
18	119.0928	37.7782	√	√	√	√
19	119.0441	37.8344	√	√	√	√
20	119.0441	37.8347	√	√	√	√
Z02	119.1618	37.7608	√	√	√	√
Z19 东	119.1632	37.7811	√	√	√	√
Z19 西	119.1632	37.7815	√	√	√	√
Z20 东	119.1531	37.7882	√	√	√	√
Z20 西	119.1290	37.7730	√			
Z21	119.0439	37.8148	√	√		
Z22	119.0446	37.8148	√	√	√	√
Z23	119.0434	37.8148	√	√	√	√
Z26	119.0451	37.8352	√	√	√	√

三、监测指标及方法

监测指标含水温、电导率、盐度、pH 值、溶解氧（DO）、总磷、总氮、水体化学需氧量（COD）及叶绿素 a 含量等指标。其中，水温、电导率、盐度、pH 值、溶解氧（DO）等指标 YSI 水质在线分析仪现场测定，总磷、总氮、化学需氧量（COD）及叶绿素 a 含量等指标为现场采集水样后带回实验室测定。总磷、总氮用过硫酸钾于高压灭菌锅消解后利用 AA3 连续流动分析仪测定，水体化学需氧量（COD）利用高锰酸盐指数法测定，叶绿素 a 含量用分光光度法测定。

四、研究结果

（一）pH 值

自然保护区内水样监测位点多集中在 pH7.2～9.0 之间（图 2-7，图 2-8）。在 4 次监测均采集到的 36 个位点 144 次观测数据中，只有 8 次（5.6%）观测到 pH 值超过 9.0，且主要在 7 月和 9 月，因此，pH 值不是影响保护区水质的主要因素。利用重复测量方差分析，对大汶流、黄河口以及整个自然保护区范围内水质监测样点的 pH 进行分析，结果表明，大汶流区域与黄河口区域 pH 值无显著差异。从整个自然保护区尺度、大汶流区域以及黄河口区域来看，均表现为 7 月份 pH 值最高，其他 3 个月无显著差异。利用独立样本 t 检验对大汶流区域和黄河口区域 4 个监测时期的 pH 值进行比较，除 12 月大汶流区域 pH 值显著较低外，其余月份两区域无显著差异。

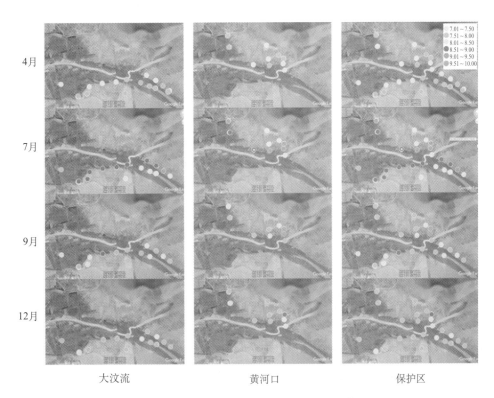

图 2-7　自然保护区水质监测位点 pH 值

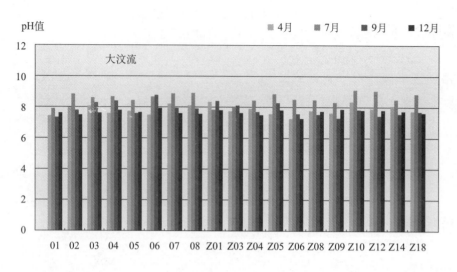

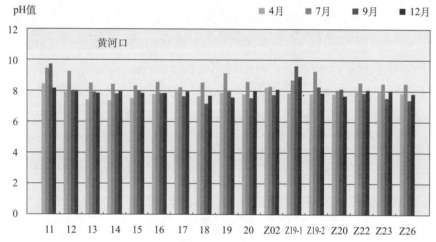

图 2-8　自然保护区水质监测位点 pH 值年度变化

（二）含盐量

自然保护区内水样监测位点含盐量差异较大（图2-9，图2-10）。利用重复测量方差分析，对大汶流、黄河口以及整个自然保护区范围内水质监测样点的含盐量进行分析，结果表明，整个监测年度内，大汶流区域与黄河口区域含盐量值无显著差异。从整个自然保护区尺度、大汶流区域以及黄河口区域来看，均表现为以7月含盐量最高，其他3个月无显著差异。利用独立样本t检验对大汶流区域和黄河口区域4个监测时期的含盐量进行比较，7月大汶流区域含盐量较高，其余月份两区域均无显著差异。

从含盐量的范围来看，在4次监测均采集到的36个位点144次观测数据中，含盐量在1‰以下的有62次（43.1%），1‰～2‰内25次（17.4%），2‰～5‰内26次（18.1%），5‰～10‰内21次（14.6%），超过10‰的为10次（6.9%），最高值为17.96‰（图2-10，图2-11）。

在含盐量超过5‰的31次观测数据中，有3次（9.7%）出现在12月，5次（16.1%）出现在9月，9次（29.0%）出现在4月，而7月出现的次数为14次（45.2%），最高值也在出现在7月。这与黄河三角洲地区降水时间分布有关。4月是该区蒸降比最高的时期，降水少而蒸腾强烈；7月尚未完全进入雨季，尽管降雨量有所增加，但蒸腾量也同步增加，累积效应使得7月含盐量进一步升高。从植物的生长规律来看，4月是大多数植物开始出苗萌发的关键时期，也是鸟类繁殖高峰期，因此，应该按照水分状况，尽力在4月组织补水工作。

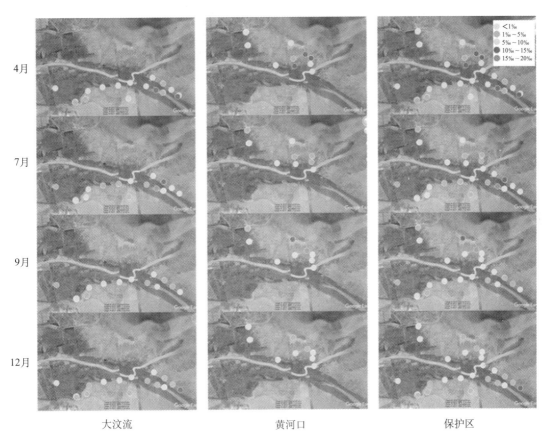

图 2-9 自然保护区水质监测位点含盐量

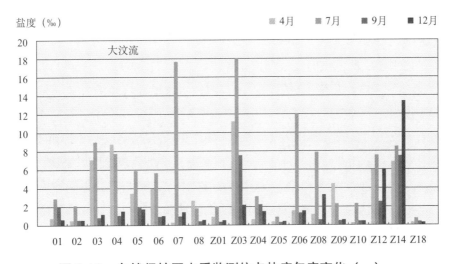

图 2-10 自然保护区水质监测位点盐度年度变化（一）

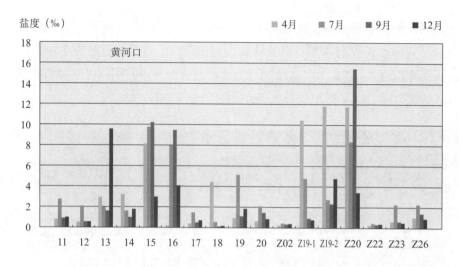

图 2-10　自然保护区水质监测位点盐度年度变化（二）

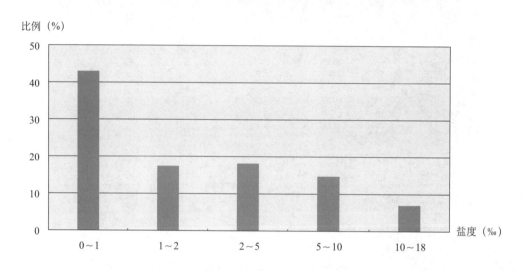

图 2-11　2016 年水质监测位点盐度范围分布比例

（三）总氮

自然保护区内水样监测位点间总氮含量具有较大差异（图 2-12，图 2-13）。利用重复测量方差分析，对大汶流、黄河口以及整个自然保护区范围内水质监测样点的总氮含量进行分析，结果表明，整个监测年度内，大汶流区域与黄河口区域总氮含量值无显著差异。从整个自然保护区尺度和大汶流区域来看，以 12 月最高，4 月次之，7 月再次，9 月最低。其中 12 月和 4 月无显著差异，但均显著高于 7 月和 9 月，而 7 月与 9 月之间亦无显著差异。从黄河口区域来看，仍以 12 月最高，4 月次之，但是以 7 月最低。同样 12 月和 4 月无显著差异，7 月与 9 月之间亦无显著差异，但均显著低于 12 月和 4 月。利用独立样本 t 检验对大汶流区域和黄河口区域 4 个监测时期的总氮含量进行比较，各监测时期两区域均无显著差异。

从总氮含量的范围来看，在 4 次监测均采集到的 36 个位点 144 次观测数据中，根据《地表水环境质量标准》（GB 3838—2002），总氮含量在Ⅰ类水体标准（低于0.2mg/L）以下的有1次（0.7%），在Ⅱ类水体标准（0.2～0.5mg/L）的为14次（9.7%），在Ⅲ类水体标准（0.5～1.0mg/L）为65次（45.1%），Ⅳ类水体标准（1.0～1.5mg/L）为18次（12.5%），Ⅴ类水体标准（1.5～2.0mg/L）为21次（14.6%），属于劣Ⅴ类水体（2.0mg/L）以上为25次（17.4%），最高值为13.11mg/L（图2-13，图2-14）。

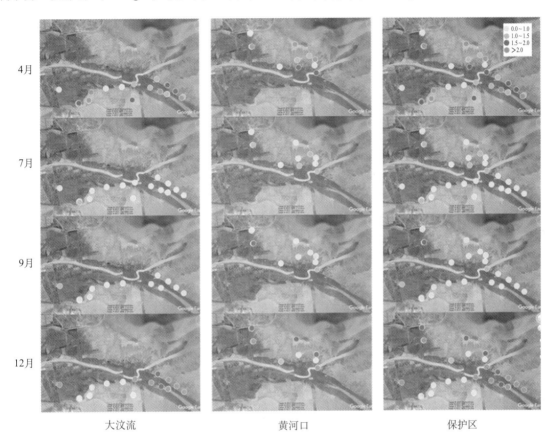

大汶流　　　　　　　　黄河口　　　　　　　　保护区

图 2-12　自然保护区水质监测位点总氮含量（mg/L）

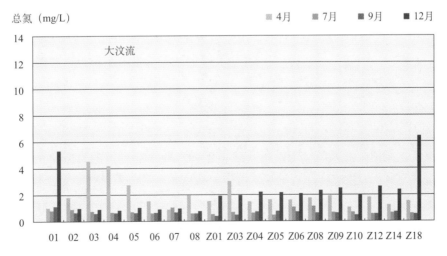

图 2-13　自然保护区水质监测位点总氮含量（mg/L）年度变化（一）

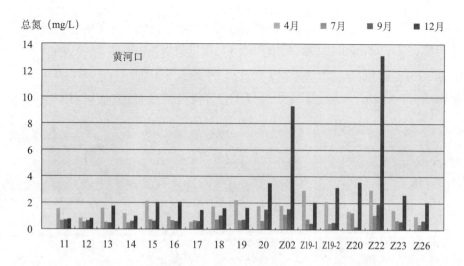

图 2-13　自然保护区水质监测位点总氮含量（mg/L）年度变化（二）

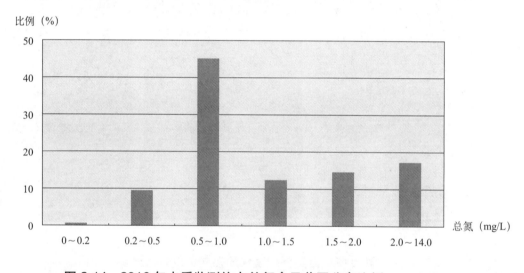

图 2-14　2016 年水质监测位点总氮含量范围分布比例

　　总氮含量超过 2.0mg/L 的观测样点中，主要集中在 12 月和 4 月，分别为 16 次和 9 次。就位置而言，4 月大汶流有 4 个位点，黄河口 5 个位点；12 月大汶流有 9 个位点，黄河口有 7 个位点。

（四）总磷

　　自然保护区内水样监测位点间总磷含量具有较大差异（图 2-15，图 2-16）。利用重复测量方差分析，对大汶流、黄河口以及整个自然保护区范围内水质监测样点的总磷含量进行分析，结果表明，整个监测年度内，大汶流管理站与黄河口管理站总磷含量值无显著差异。整个自然保护区内均为 4 月最高，7 月次之，9 月再次，12 月最低，但 9 月与 12 月无显著差异。利用独立样本 t 检验对大汶流区域和黄河口区域 4 个监测时期的总磷含量进行比较，各监测时期两区域均无显著差异。

　　从总磷含量的范围来看，在 4 次监测均采集到的 36 个位点 144 次观测数据中，根据《地表水环境质量标准》(GB 3838—2002)，总磷含量在Ⅰ类水体标准（0.02mg/L 以下）的有 78 次（54.2%），在Ⅱ类水体标准（0.02～0.1mg/L）为 49 次（34.0%），在Ⅲ类水体标准（0.1～0.2mg/L）为 6 次（4.2%），Ⅳ类水体标准（0.2～0.3mg/L）为 2 次（1.4%），Ⅴ类水体标准（0.3～0.4mg/L）为 9 次（14.6%），

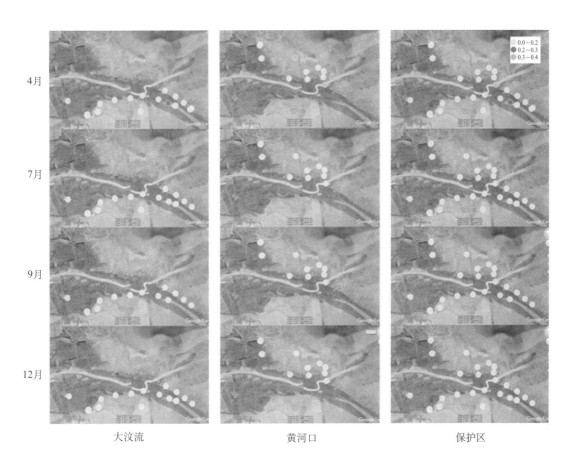

图 2-15　自然保护区水质监测位点总磷含量（mg/L）

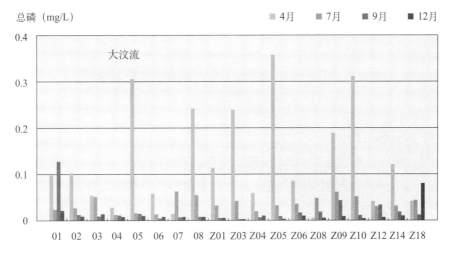

图 2-16　自然保护区水质监测位点总磷含量（mg/L）年度变化（一）

最高值为 0.358mg/L（图 2-16，图 2-17）。总体上，自然保护区水体监测位点中总磷含量有 84% 属于Ⅲ类水体标准以上，总磷含量不是影响水质的主要因素。超过 0.2mg/L 的样点均发生在 4 月，与该时期水量减少，水中总磷浓度浓缩有关。

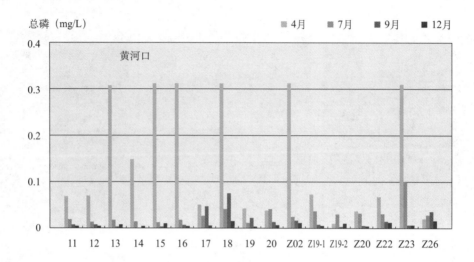

图 2-16　自然保护区水质监测位点总磷含量（mg/L）年度变化（二）

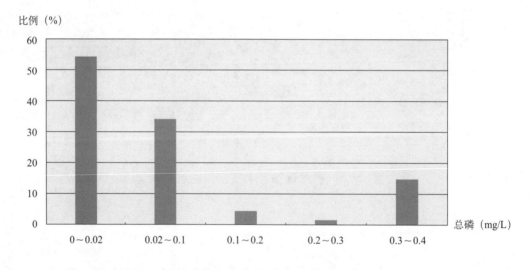

图 2-17　2016 年水质监测位点总磷含量范围分布比例

（五）化学需氧量（COD）

自然保护区内水样监测位点间 COD 具有较大差异(图 2-18，图 2-19)。利用重复测量方差分析，对大汶流、黄河口以及整个自然保护区范围内水质监测样点的 COD 进行分析，结果表明，整个监测年度内，大汶流区域与黄河口区域 COD 值无显著差异。从整个自然保护区尺度、大汶流区域以及黄河口区域，均为 4 月最高，7 月次之，9 月再次，12 月最低，4 月、7 月与 12 月间无显著差异，9 月则显著低于 4 月和 7 月。利用独立样本 t 检验对大汶流区域和黄河口区域 4 个监测时期的 COD

进行比较，各监测时期两区域均无显著差异。

从 COD 的范围来看，在 4 次监测均采集到的 36 个位点 144 次观测数据中，COD 属于 I 类和 II 类水体标准 [15（O_2，mg/L）以下] 的有 101 次（70.1%），III 类水体标准 [15～20（O_2，mg/L）]

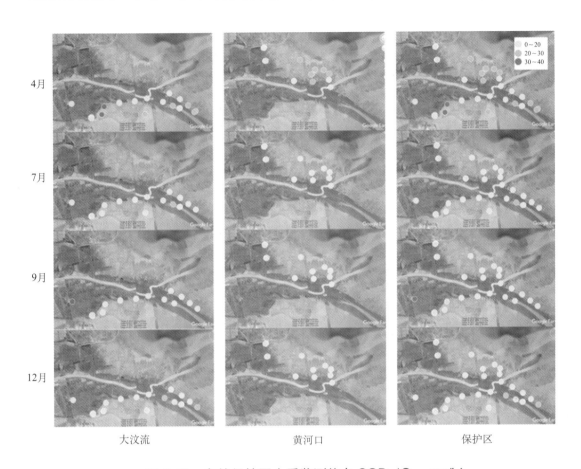

大汶流　　　　　　　　黄河口　　　　　　　　保护区

图 2-18　自然保护区水质监测位点 COD（O_2，mg/L）

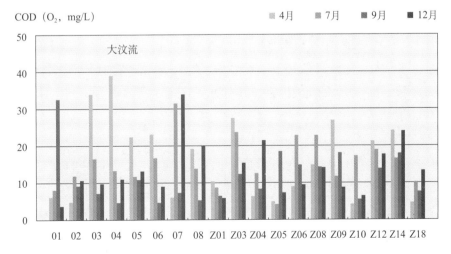

图 2-19　自然保护区水质监测位点 COD（O_2，mg/L）年度变化（一）

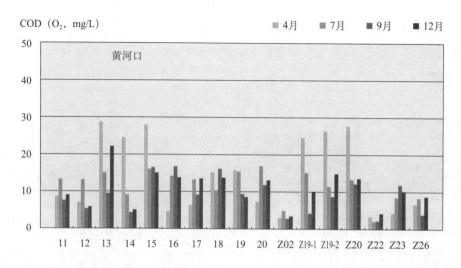

图 2-19　自然保护区水质监测位点 COD（O_2，mg/L）年度变化（二）

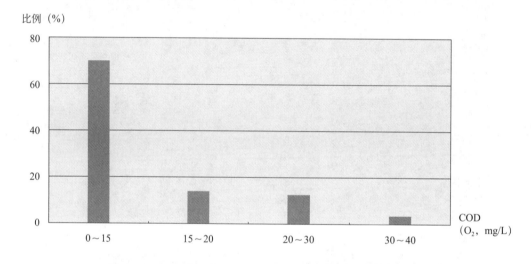

图 2-20　2016 年水质监测位点 COD 范围分布比例

为 20 次（13.9%），Ⅳ类水体标准 [20～30（O_2，mg/L）] 为 18 次（12.5%），Ⅴ类水体标准 [30～40（O_2，mg/L）] 为 5 次（3.5%），最高值为 38.8（O_2，mg/L）（图 2-19，图 2-20）。超过Ⅲ类水体标准的共占 16.0%（23 次），其中大汶流区域有 16 次，8 次发生在 4 月；黄河口区域有 7 次，6 次发生在 4 月。COD 不是影响黄河三角洲水质的重要因素，其 COD 的升高也与 4 月水量减少有关。

（六）富营养化

参照《湖泊（水库）富营养化评价方法及分级技术规定》，利用叶绿素 a、总磷、总氮、透明度及高锰酸盐指数 5 项指标计算综合营养状态指数。在 4 次监测均采集到的 36 个位点 144 次观测数据中，综合营养状态指数≤30（贫营养水平限值）的 68 次（47.2%），30～50（中营养水平限值）为 71 次（49.3%），50～60（轻富营养水平限值）为 5 次（3.5%），最高值为 54.1。自然保护区水体总体上不存在富营养化问题（图 2-21 至图 2-23）。

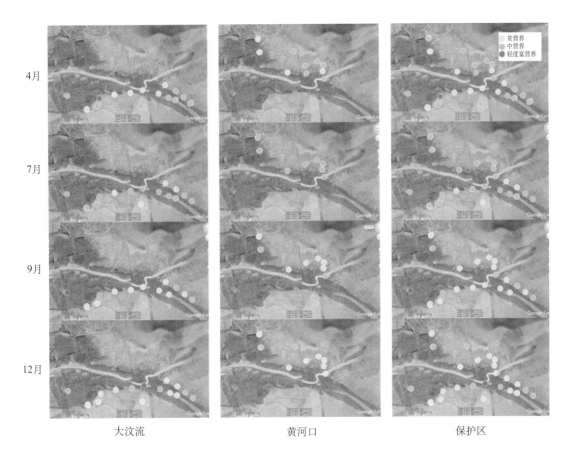

图 2-21 自然保护区水质监测位点富营养化等级

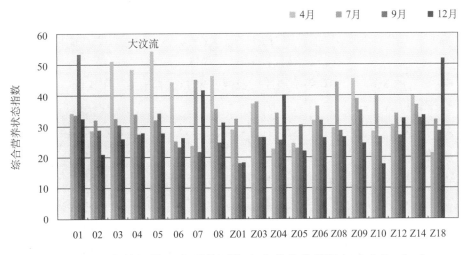

图 2-22 自然保护区水质监测位点富营养化指数年度变化（一）

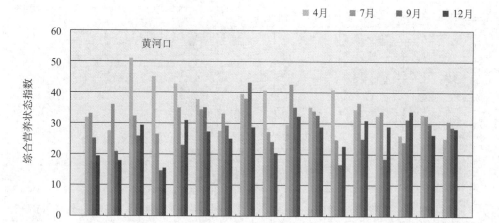

图 2-22　自然保护区水质监测位点富营养化指数年度变化（二）

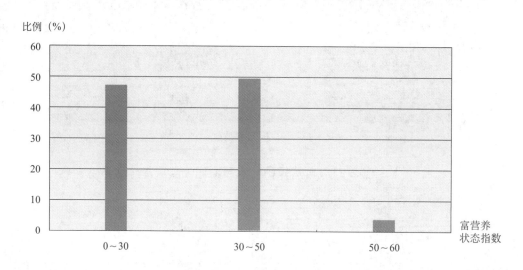

图 2-23　2016 年水质监测位点富营养状态指数分布比例

（七）水质类别

根据溶解氧、COD、总氮、总磷 4 项主要指标进行水质判别，大汶流区域、黄河口区域及整个自然保护区区域监测位点的水质类别数量及限值因子分别如表 2-3、表 2-4 和表 2-5 所示。2016 年整个自然保护区区域范围所有位点共计 165 次监测，符合Ⅰ类水体标准的只有 1 次（0.6%），Ⅱ类水体为 11 次（6.7%），Ⅲ类水体为 64 次（38.8%），Ⅳ类水体为 26 次（15.8%），Ⅴ类水体为 32 次（19.4%），劣Ⅴ类水体为 31 次（18.8%）。自然保护区水质不容乐观，各区域Ⅳ类以下水体均占到 50% 以上（图 2-24，图 2-25）。从限制因子看，总氮超标是水质下降的最主要原因。

按照监测时间对自然保护区、大汶流和黄河口区域监测位点水体类别进行分析，结果如图 2-26 所示。从图 2-26 可以看出，各区域均以 9 月水质状况最好，其次为 7 月。Ⅴ类水体和劣Ⅴ类水体主要发生在4月和12月。因此，保护区内水体质量和水量显著相关，水质下降的主要原因在于水量减少，导致总氮、总磷含量升高。

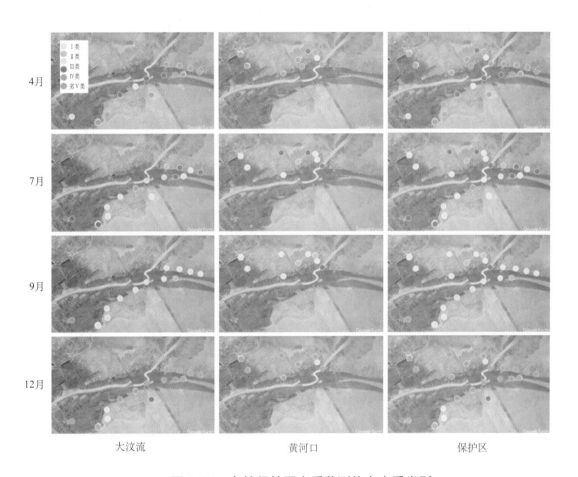

图 2-24　自然保护区水质监测位点水质类别

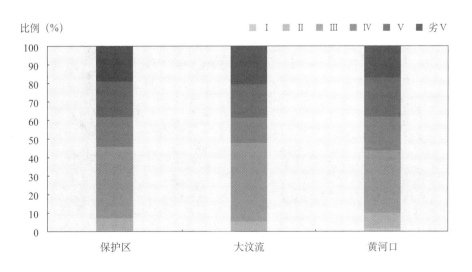

图 2-25　保护区监测位点水质类别比例

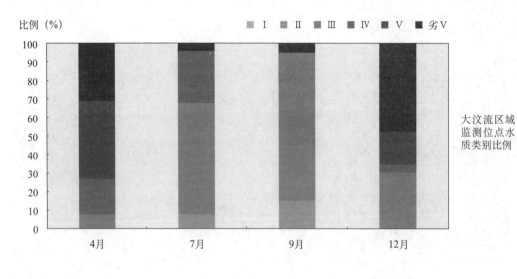

大汶流区域
监测位点水
质类别比例

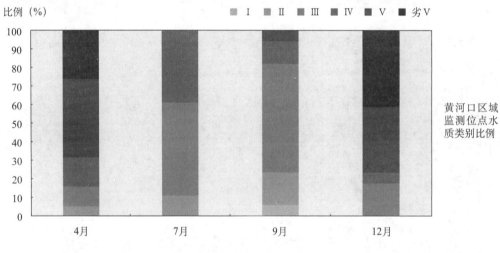

黄河口区域
监测位点水
质类别比例

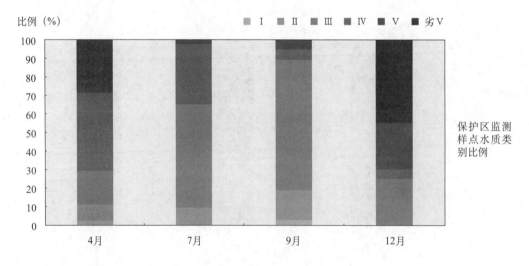

保护区监测
样点水质类
别比例

图 2-26　各管理站水质状况

表 2-3　2016 年大汶流区域监测位点水质类别数量及限制因子

月份	I类	II类	限制因子	III类	限制因子	IV类	限制因子	V类	限制因子	劣V类	限制因子
4月	0	0		2	N	5	N（3） N/COD（2）	11	N（8） P（2） N/P（1）	8	N
7月	0	2	N/P	15	N（8） COD（1） N/COD（3） N/溶氧（2） N/COD/溶氧（1）	7	溶氧（3） COD（1） N/COD（2） 溶氧/COD（1）	1	COD	0	
9月	0	3	N（2） N/溶氧（1）	16	N（12） COD（1） N/COD（3）	0		1	COD	0	
12月	0	0		7	N（3） N/溶氧（3） N/COD/溶氧（1）	1	N	4	N（3） COD（1）	11	N

表 2-4　2016 年黄河口区域监测位点水质类别数量及限制因子

月份	I类	II类	限制因子	III类	限制因子	IV类	限制因子	V类	限制因子	劣V类	限制因子
4月	0	1	N/P/溶氧	2	N	3	N/COD（2） N（1）	8	P（3） N/P（3） N（2）	5	N
7月	0	2	N/P（1） N/溶氧（1）	9	N（5） 溶氧（1） N/COD（1） N/溶氧（1） N/COD/溶氧（1）	7	溶氧（4） N（2） N/溶氧（1）	0		0	
9月	1	3	N	10	N（7） N/COD（3）	2	N	1	N	0	
12月	0	0		3	N（2） N/溶氧（1）	1	N/溶氧	6	N	7	N

表 2-5　2016 年自然保护区监测位点水质类别数量及限制因子

月份	I类	II类	限制因子	III类	限制因子	IV类	限制因子	V类	限制因子	劣V类	限制因子
4月	0	1	N/P/溶氧	4	N	8	N（4） N/COD（4）	19	N（10） P（5） N/P（4）	13	N
7月	0	4	N/P（3） N/溶氧（1）	24	N（13） COD（1） 溶氧（1） N/COD（4） N/溶氧（3） N/COD/溶氧（2）	14	N（2） COD（1） 溶氧（7） N/COD（2） N/溶氧（1） 溶氧/COD（1）	1	COD	0	
9月	1	6	N（5） N/溶氧（1）	26	N（19） COD（1） N/COD（6）	2	N	2	N（1） COD（1）	0	
12月	0	0		10	N（5） N/溶氧（4） N/COD/溶氧（1）	2	N（1） N/溶氧（1）	10	N（9） COD（1）	18	N

第二章
土壤监测

　　自然保护区土壤的形成发育是在三角洲成陆过程中，不断受到黄河泛滥改道和尾闾摆动、海岸线变迁、海水侵袭、潜水浸润、大气降水、地面蒸腾、植被演替以及人为垦殖等多种因素影响，使它在形成发育方向、阶段和属性发生各种变化，从而形成了各种不同类型的土壤。

　　为了全面掌握自然保护区土壤资源，自 2016 年开始，自然保护区与青岛农业大学合作开展土壤研究，在对自然保护区所辖区域的土壤进行全面调查的基础上，系统研究保护区内土壤物理性质、化学性质、生物学性质及土壤污染状况；调查清楚保护区内土壤类型分布、剖面特征等。

　　根据研究计划，2016 年度完成了部分土壤样品的采集及理化指标的测定。

一、采样路线设计、样品采集

　　在自然保护区自内陆向沿海方向布设 10 条采样带。分布于 3 个管理站，线路 A-G：现今黄河河道，西河口附近农田至入海口；线路 H：沿一千二管理站四河故道路线设置；线路 I：湿地恢复区东侧；线路 J：垂直于四河故道设置。采样带的土地利用类型由陆向海表现为由农田向湿地、潮滩过渡，线路 A-G 受到黄河新道影响，线路 H-J 受黄河故道影响。除 E 采集 3 个点外，其他每条采样带采集 5 个点，共计固定监测点 48 个；在相同监测点如有不同群落或土地利用方式的，应分别采集其中的土壤，预计取样点达到 70 个（图 2-27 至图 2-29）。

　　然后根据黄河各支流的位置，设定选取 70 个样点，目前，已采集 11 个样点土壤剖面。

二、测定内容

　　测定的内容包括：土壤剖面描述、土壤类型、质地、容重、含水量、土壤八大离子（K^+、Na^+、Ca^{2+}、Mg^{2+}、Cl^-、SO_4^{2-}、CO_3^{2-}、HCO_3^-）、pH 值、盐分、土壤有机质、速效氮、速效磷、速效钾、重金属（Cu、Pb、Zn、As、Cd）、石油烃、多环芳烃、地上部植物种类与数量、土壤微生物量。

　　本次调查 70 个取样点，预计采集土壤样品 420 个，每个土样需测 29 个指标。

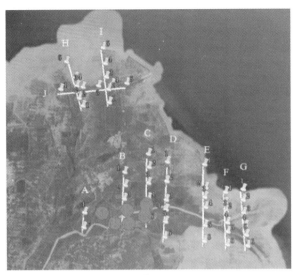

图 2-27　采样点布设

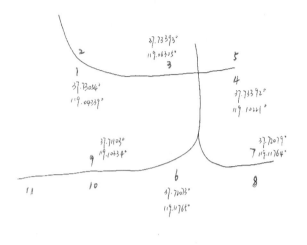

图 2-28　2016 年 7 月 4 日取样
（1、4、5、7和9采集植物样方，其中5为芦苇，其余为碱蓬草）

图 2-29　采样

三、阶段结果

目前已完成采样点土壤的八大离子、速效钾、速效磷、全氮、碱解氮、pH 值、盐分、有机质及重金属的测定。

表 2-6　各监测指标数值范围

指标	单位	含量	指标	单位	含量
pH	—	7.61～8.53	全氮	g/kg	0.18～0.88
有机质	g/kg	3.00～11.35	电导率	us/cm	980.1～6862.1
盐分	g/kg	0.94～23.10	CO_3^{2-}	g/kg	/
碱解氮	mg/kg	4.18～47.34	HCO_3^-	g/kg	0.17～1.57
速效磷	mg/kg	0.57～10.22	Cl^-	g/kg	1.01～12.48
速效钾	mg/kg	78.62～421.20	SO_4^{2-}	g/kg	0.11～2.63
铜	mg/kg	16.12～56.14	K^+	g/kg	0.03～0.31
铅	mg/kg	8.08～27.50	Na^+	g/kg	0.57～8.42
锌	mg/kg	43.56～234.00	Ca^{2+}	g/kg	0.07～0.48
砷	mg/kg	4.85～14.67	Mg^{2+}	g/kg	0.06～0.78
镉	mg/kg	0.46～0.82			

四、后续工作

由于 2016 年下半年降水量持续较大，自然保护区内水位也较高，不易于布点与采样，因此 2016 年的采样工作提前结束。预计采样时间将定于 2017 年 4～6 月。

第一节　黄河入海口 1996 年清八汊改道以来
河口段岸线变迁遥感监测

　　研究区域位于黄河入海口附近区域（图 2-30）。河口地区受入海径流和海洋潮汐的双重作用，岸线和环境的变化很快；河口又是人类活动剧烈的地理区域，城市密集，人口众多，有围垦等人为活动。河口岸线形态及发育演变对区域水生态系统产生复杂效应，对河口滩涂湿地的发育演变以及区域水文过程、物理化学过程、生物过程都会产生重要的影响。黄河是我国含沙量最大的河流，大量的泥沙向海输入，对河口岸线有着直接的影响，开展黄河口岸线变迁监测成为黄河口区域生态系统调查的重要工作。为此开展了黄河入海口 1996 年清八汊改道以来的河口段岸线变迁遥感监测，获取准确的岸线变迁结果为自然保护区潮间带的合理开发提供数据支持。

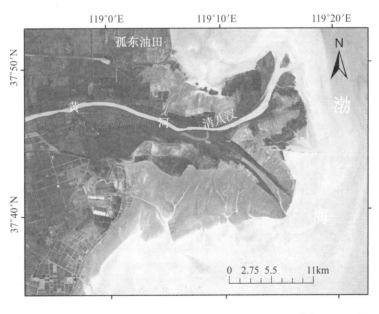

图 2-30　研究区（Landsat 8 OLI 5-4-3 波段）

一、研究与分析方法

1. 遥感数据

本书采用的遥感数据有 1996 年 8 月 19 日的 Landsat 7 TM 数据，分辨率 30m，2016 年 8 月 26 日的 Landsat 8 OLI 数据，全色波段分辨率 15m，多光谱分辨率 30m；数据来源于中国科学院计算机网络信息中心地理空间数据云平台（http://www.gscloud.cn）。将 Landsat 7 TM 和 Landsat 8 OLI 遥感数据进行大气校正和辐射校正，并基于地面控制点对 Landsat 7 TM 和 Landsat 8 OLI 进行几何精校正，校正精度小于 1 个像元，满足开展岸线遥感监测的要求。

2. 现场数据

经过现场调查，获取黄河口各种岸线现场照片，并用 GPS 获取岸线位置，用于建立遥感解译标志集（表 2-7）。岸线类型主要是自然岸线和人工岸线两种，其中构成自然岸线的海岸类型主要为柽柳、芦苇、盐地碱蓬等潮间带植被，构成人工岸线的海岸类型主要为修建生态恢复池或围填海等形成的人工堤坝。

表 2-7　岸线解译标志集

岸线类型	海岸类型	现场照片	遥感影像
自然岸线	柽柳林		
	芦苇		
	盐地碱蓬		
人工岸线	人工堤坝		

二、研究结果与分析

结合建立的遥感解译标志集，采用人机交互的方式，分别基于 1996 年 Landsat 7 TM 和 2016 年 Landsat 8 OLI 遥感数据提取黄河口区域岸线，1996 年和 2016 年的黄河口岸线分布图分别见图 2-31 的(a)和(b)。其标注黄色的岸线为人工岸线，标注绿色的为自然岸线。1996 年黄河入海口改道初期，黄河口附近的岸线总长度为 127.69km，其中人工岸线为 27.97km，自然岸线为 99.72km，改道 20 年后的 2016 年，黄河口岸线总长度 142.96km，其中人工岸线为 59.01km，自然岸线为 83.95km（表 2-8）。

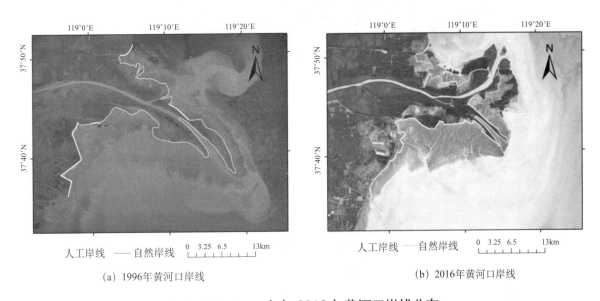

(a) 1996 年黄河口岸线   (b) 2016 年黄河口岸线

图 2-31　1996 年与 2016 年黄河口岸线分布

表 2-8　1996 年与 2016 年岸线统计

岸线属性	1996 年（km）	2016 年（km）
人工岸线	27.97	59.01
自然岸线	99.72	83.95
合计	127.69	142.96

由图 2-32 岸线对比结果发现，1996—2016 年期间，黄河口故道入海口门处岸线后退了 6.9km，新改道的黄河口入海口门处岸线向海推进了 7.9km；新的黄河口入海西侧岸线总体呈侵蚀趋势，黄河口故道西侧岸线呈向海推进趋势，在新黄河口河道和黄河故道之间的人工岸线没有明显变化。

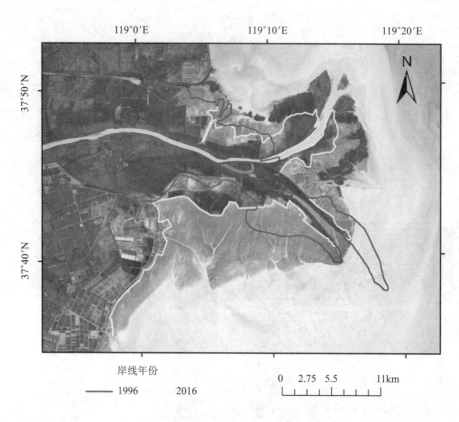

图 2-32 黄河入海口附近岸线变化对比

三、管理建议

由于养殖池塘和生态恢复池的修建，人工岸线变长，自然岸线变短，并且在黄河口北岸，由于岸线侵蚀，海岸线在向陆地推进，该区域的生态景观和生态健康受到自然和人类活动的双重影响，为保证该区域生态环境的健康发展，建议在保持原有自然岸线基础上，要合理控制人工岸线的增加，并加强对自然岸线的保护。

第二节 基于 Landsat 8 OLI 数据的山东黄河三角洲国家级自然保护区耕地现状遥感监测

目前，自然保护区受人类活动影响越来越明显，保护区内的人类活动越来越受到关注，而保护区内的耕地作为人类活动重要表现形式，也必须引起重要关注。为此，开展自然保护区耕地现状监测，可以为保护区耕地的合理开发和生态保护管理提供数据支持。

一、监测与分析方法

数据与处理采用的遥感数据是能覆盖自然保护区的 Landsat 8 OLI 卫星影像（图 2-33），成像时间为 2016 年 4 月，设有 9 个波段，其中全色波段分辨率 15m，多光谱波段分辨率 30m。数据来源于中国科学院计算机网络信息中心地理空间数据云平台（http://www.gscloud.cn）。将 Landsat 8 OLI 遥感数据进行大气校正和辐射校正，并对 Landsat 8 OLI 全色和多光谱影像进行融合，获得融合后的影像空间分辨率为 15m；然后基于地面控制点对融合后的影像进行几何精校正，校正精度小于 1 个像元，满足开展地物类型遥感监测的要求。

结合现场调查，获取了自然保护区范围各种耕地类型的遥感解译照片，用于开展自然保护区耕地遥感信息提取。将耕地类型分为以种植小麦、玉米为主的旱田，以种植水稻为主的水田和藕池 3 种耕地类型。基于 Landsat 8 OLI 遥感影像，结合建立的耕地类型遥感解译标志集，利用人机交互的方法开展地物类型信息提取，耕地信息提取结果见图 2-34。

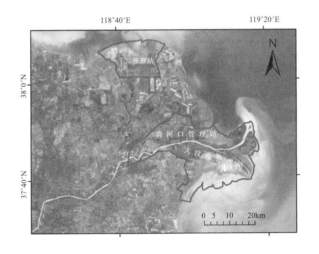

图 2-33　山东黄河三角洲国家级自然保护区
陆域范围

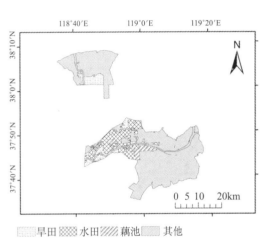

图 2-34　山东黄河三角洲国家级自然保护区
耕地分布状况

二、监测结果与分析

各种耕地类型的面积分布状况见表 2-9，发现整个自然保护区耕地是以种植玉米、小麦为主的旱田，种植水稻为主的水田以及藕池 3 种耕地类型组成，面积为 25646.4hm²，占整个自然保护区陆域面积的 22.4%，其中旱田为 8425.8hm²，水田为 13774.8hm²，藕池为 3445.8hm²；黄河口管理站耕地面积为 14972.2hm²，占整个自然保护区耕地面积的 58.3%，其中旱田 2935.6hm²、水田 11022.1hm²、藕池 1014.5hm²；大汶流管理站耕地面积为 6966.2hm²，占整个自然保护区耕地面积的 27.2%，其中旱田 1782.2hm²、水田 2752.7hm²、藕池 2431.3hm²；一千二管理站耕地以旱田为主，耕地面积为 3708.0hm²，占整个自然保护区面积的 14.5%。

表 2-9 山东黄河三角洲国家级自然保护区各管理站耕地分布情况

耕地类型	黄河口管理站耕地（hm²）	大汶流管理站耕地（hm²）	一千二管理站耕地（hm²）	合计（hm²）
旱田	2935.6	1782.2	3708.0	8425.8
水田	11022.1	2752.7	—	13774.8
藕池	1014.5	2431.3	—	3445.8
合计	14972.2	6966.2	3708.0	25646.4

三、管理建议

耕地占自然保护区陆域面积的 22.4%，耕地的过度开垦，影响了本地生态的自然景观格局和生态健康，建议严格控制新耕地的开垦，适当的将原有的耕地进行退耕，恢复自然保护区的自然生态景观，以保证自然保护区的生态安全和生态健康的可持续发展。

研究设备——通量塔位于黄河以北约 5km 位置 (37°47′20″N，119°10′23″E)。该区域属于温带半湿润大陆性季风气候，气温适中，光照充足，四季分明，雨热同期。年平均气温为 13.4℃，年平均日照数 2590～2830h，无霜期 206 天。多年平均降水量 556.1mm，年蒸发量 1962mm，干旱指数 3.65，降雨季节及年际差异较大，分布不均匀。年平均风速 3.57m/s，常年盛行东北风与东南风。土壤类型为滨海潮盐土，土壤质地为砂质黏壤土，有机质含量丰富，以黄河沉积泥沙为主要成土母质，成土年龄较晚，受海洋作用强烈，土壤发育年轻。

一、监测目的

通过气象中的降水、温度、辐射、风速等因素的变化，揭示湿地各个环境因子对湿地的影响，为湿地的保护与科学管理提供数据支撑，更好地促进黄河三角洲湿地资源的可持续利用和长久发展。

二、监测分析方法

气象观测系统监测的气象要素包括：风向和风速、空气温度和湿度、净辐射、土壤温度、土壤湿度和降雨量。微气象观测系统包括距地面 2.8m 的光合有效辐射 (LI-190SL，LI-Cor，USA) 和 2m 的四分量净辐射 (NR01，LI-Cor，USA)，该观测系统的能量平衡系统 (DYNAMET，LI-Cor，USA) 数据还包括 2m 的风速 / 风向 (GILL-WMLi-Cor Inc.，Lincoln，NE，USA) 和空气温度 (HMP50，Vaisala，Helsinki，Finland)、1.5m 雨量筒 (52203，RM Young Inc.，Traverse City，MI，USA)。土壤因子监测主要包括 10cm、20cm、30cm 深处的土壤温度 (TM-L10，LI-Cor，USA) 和 10cm、20cm、30cm 深处的土壤含水量 (EC-5，LI-Cor，USA)，所有气象数据通过数据采集器 (CR1000，LI-Cor，USA) 在线采集，并按 30min 计算平均值进行存储（图 2-35）。

图 2-35　黄河口潮间带湿地气象观测系统

三、监测结果分析

2015 年净辐射的日平均波动值为 -17.38～247.63W/m²，最大值出现在 1 月 21 日，最小值则出现在 7 月 3 日。2016 年的净辐射日均值变化范围为 -19.39～241.68W/m²，最大值与最小值分别出现在 6 月 24 日和 12 月 5 日。2015 年与 2016 年的气温整体变化趋势基本一致，2015 年和 2016 年年平均气温分别为 13.47℃和 13.44℃，差异不大。2015 年日均温波动范围为 -4.83～30.87℃，2016 年的日均温变化范围为 -11.68～31.16℃，2016 年 1～2 月气温远低于 2015 年同时段气温。2015 年平均风速为 3.32m/s，而 2016 年则为 3.57m/s，但 2015 年的风速峰值 (10.86m/s) 要高于 2016 年 (9.05m/s)，同时在 7～10 月期间，2016 年的平均风速要高于同时段 2015 平均风速。降雨年际及年内差异较大，主要集中在 4～10 月生长季内。2015 年和 2016 年降水总量分别为 562.49mm 和 908.81mm，2016 年 8 月 7 日和 8 月 8 日两天降雨总量高达 486.16mm，8 月 8 日单日降雨量为 335.28mm，而 2015 单日最高降雨量为 153.92mm（9 月 1 日）（图 2-36）。

四、管理建议

从 1961—2010 年，黄河三角洲区域年平均气温累计上升 1.9℃，倾斜率达 0.4℃ /10 年，冬半年升温明显。同时，50 年间黄河三角洲区域年均降水量累计下降 121.4mm，夏季降雨量下降明显，占全年降水减少量的 64.4%。近 50 年来，黄河三角洲以冬天升温、夏季干旱为主要特征的暖干化趋势更明显（图 2-37）。

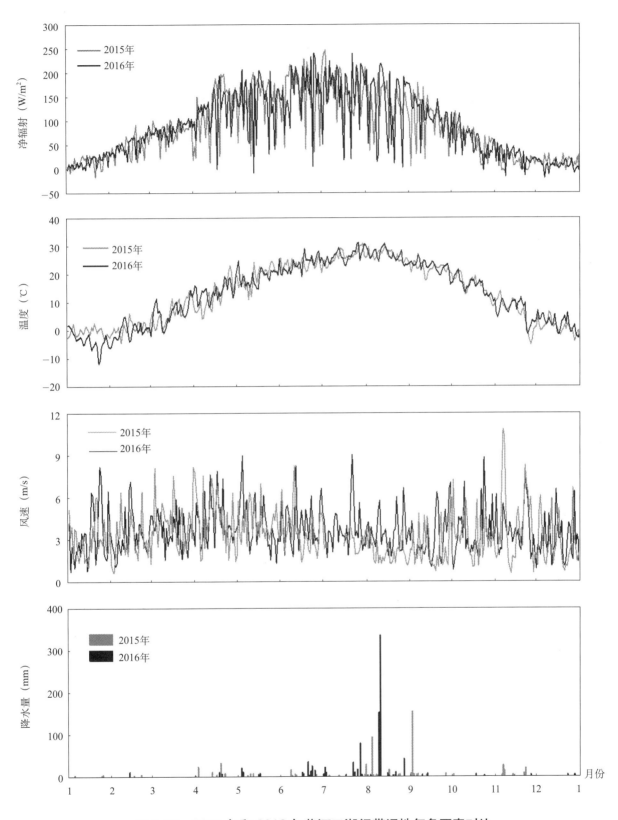

图 2-36　2015 年和 2016 年黄河口潮间带湿地气象要素对比

　　随着全球变化的不断影响，潮间带在应对极端气候变化时更突显出了它的脆弱性和原生性，因而加大对湿地气象指标的分析利用，利于科学有效地管理湿地。温度是影响植物生长发育的重要环境因子，降水量的多少直接关系湿地面积的变化及湿地植被的覆盖率。及时了解湿地环境因子的变化，有利于在极端恶劣天气频发的状态下根据湿地现有状况及实际情况及时寻找应对措施，缓解对湿地的破坏。

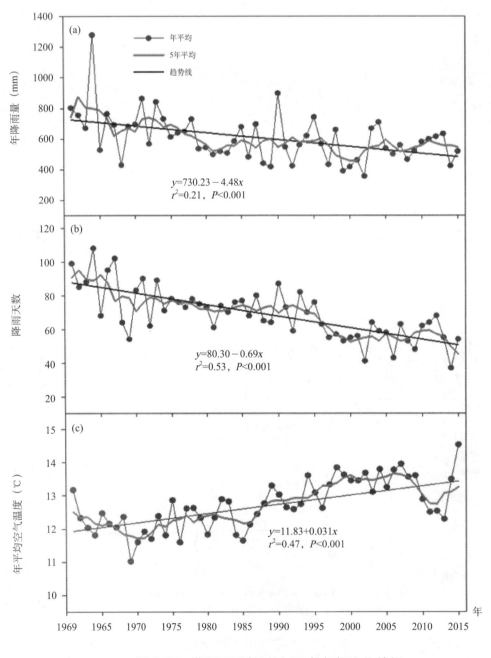

图 2-37　黄河口三角洲近 50 年气候变化特征

第三篇
自然保护区动物调查

第一节　鸟类巡护监测报告

山东黄河三角洲国家级自然保护区拥有面积广大的滩涂湿地、芦苇沼泽、稻田等多种湿地类型，为水鸟提供了良好的栖息环境，是鸟类重要的繁殖地、迁徙停歇地及越冬地。自然保护区管理局组织各管理站开展鸟类调查和监测工作，调查范围为整个自然保护区，固定路线主要包括 121 路线、96 河道、建林路线、湿地恢复区路线、小岛河路线、正大地路线、海堤路线、西河口路线、林区防火路线、飞雁滩路线、站南农田路线、106 路线、站北湿地恢复区路线。迁徙季节重点监测湿地恢复区内芦苇沼泽区、滨海滩涂区、水域区等，繁殖季节重点观测湿地恢复区、林区等；越冬季节主要监测湿地恢复区水域、黄河河道、农田等区域。

一、研究方法

根据黄河三角洲的自然条件开展鸟类调查，按不同的生态区设置样地，采取定点观测和线路调查相结合的方法，根据相关文献资料和书籍图鉴，记录在不同地区所见鸟类的种类和数量。通过调查各生境类型中鸟类种类、数量及分布情况，较全面地反映自然保护区鸟类多样性情况。鸟类野外鉴别主要依据《中国鸟类野外手册》(约翰·马敬能，2000)，分类系统依据《中国鸟类分类与分布名录》(郑光美，2017)。

调查过程中，监测人员用双筒望远镜 BOSMA(8×42 倍) 和单筒望 SWAROVSKI[(25～50)×400 倍] 进行观察，记录调查路线两侧常见的所有鸟的种类、数量、种群状态、生境等。同时记录 GPS 航迹及点位，及时拍摄鸟类及其所在的生境照片。调查中，一人负责观鸟、GPS 定位，一人负责记录，一人负责拍照。

二、研究结果

（一）种类统计

根据 2016 年 1～12 月数据统计显示，此次调查记录鸟类 12 目 33 科 149 种。从图 3-1 可以看出，鸻形目 52 种，占总数的 34.9%；雁形目 30 种，占总数的 20.1 %；雀形目 20 种，占总数的 13.4%；鹳形目 14 种，占总数的 9.4%；隼形目 13 种，占总数的 8.7%；鹤形目 8 种，占总数的 5.4%；鸊鷉目 4 种，占总数的 2.7%；鹈形目 3 种，占总数的 2.0%；鸽形目 2 种，占总数的 1.3%；戴胜目、佛法僧目和鸡形目各 1 种，分别占总数的 0.7%。物种数目最多的是鸻形目和雁形目。

从图 3-2 可以看出，超过 10 种以上的科有鸭科(30 种)、丘鹬科(18 种)、鸥科(11 种)、鹭科(10 种)，说明研究区域的鸟类物种多样性相当丰富。另外，从保护级别上来看，研究区域中的国家一级重点保护鸟类有白鹤、白头鹤、东方白鹳、黑鹳、丹顶鹤、大鸨、遗鸥共 7 种，国家二级重点保

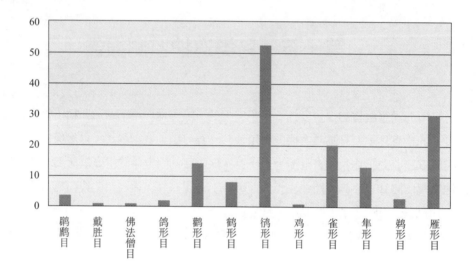

图 3-1　调查区域鸟类目数统计

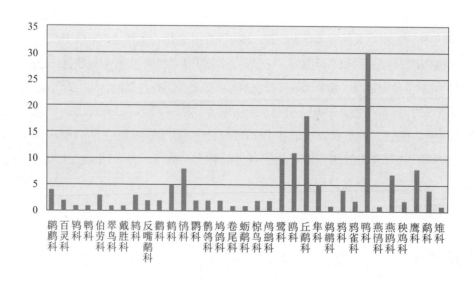

图 3-2　调查区域鸟类科数统计

护鸟类有角䴙䴘、白琵鹭、黑脸琵鹭、灰鹤、白枕鹤、小杓鹬、阿穆尔隼、白尾鹞、黑翅鸢、红隼、黄爪隼、灰背隼、毛脚鵟、普通鵟、雀鹰、苍鹰、鹊鹞、秃鹫、游隼、卷羽鹈鹕、白额雁、大天鹅、小天鹅、疣鼻天鹅、鸳鸯共 25 种。

（二）居留型统计

从表 3-1 可知，保护区有留鸟 23 种，占鸟类总数 149 种的 15.4%；夏候鸟 23 种，占总鸟类的 15.4%；冬候鸟 28 种，占总鸟类的 18.8%；旅鸟 73 种，占总鸟类的 49.0%；迷鸟 2 种，占总鸟类的 1.3%。说明该区域中主要以旅鸟为主，留鸟、夏候鸟、冬候鸟较为平均。

表 3-1　鸟类居留型统计表

居留型	留鸟	夏候鸟	冬候鸟	旅鸟	迷鸟	合计
种数	23	23	28	73	2	149
百分比（%）	15.4	15.4	18.8	49.0	1.4	100

（三）鸟类种类数量月份统计

从图 3-3 可知，保护区鸟类种类在 3 月最多，有 85 种，10 月 78 种，9 月、11 月均是 77 种，4 月 74 种，其他月份鸟类种类平均 50 种。鸟类数量最多的月份是 11 月为 97 万只，其次是 12 月 77 万只，10 月 55 万只（图 3-4）。

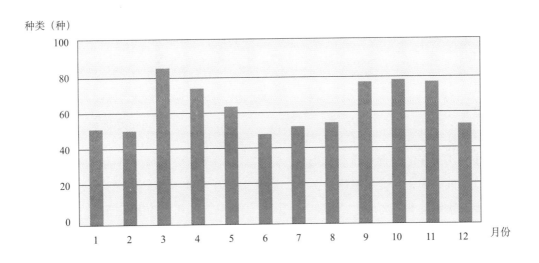

图 3-3　调查区域鸟类种类月份统计

数量（万只）

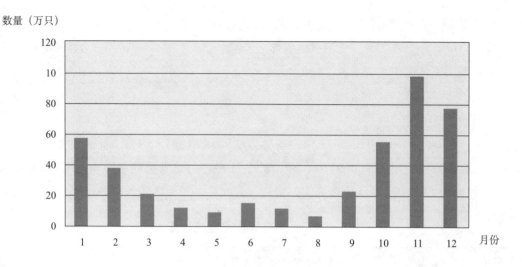

图 3-4　调查区域鸟类数量月份统计

三、结果分析与讨论

（一）结果分析

1. 种类组成分析

本次调查记录鸟类共 12 目 34 科 149 种，其中国家一级重点保护鸟类 7 种，国家二级重点保护鸟类 25 种以及多种濒危鸟类，保护区区域具备丰富的鸟类多样性，主要有两方面原因：①研究区域地处黄河入海口，是世界上暖温带保存最完整、最年轻的湿地生态系统，区内湿地生态环境原始，人为干扰少，生物种类多种多样，为鸟类提供充足的水草、谷物、鱼虾等食物；同时广阔的芦苇地、浅滩等成为鸟类理想的栖息地、中转站和繁殖地。②研究区域通过修筑围坝、引灌黄河水等措施恢复湿地的结构和功能，同时也开展鸟类保护宣传等工作，对保护新生湿地生态系统和珍稀濒危鸟类等方面起到了积极的作用。

2. 居留型分析

从居留型统计结果来看，研究区域以旅鸟为主，多出现在春、秋两个迁徙季节，同时鸟类数量丰富，旅鸟中种类最多的是鸻形目和雁形目。这主要得益于研究区域优越的地理位置，在全球 8 条重要的鸟类迁徙线路中，研究区域横跨两条，是东北亚内陆和环西太平洋区域鸟类迁徙道路上极其重要的停歇地、繁殖地和越冬地，是著名的"国际候鸟机场"和"珍禽乐园"。

3. 鸟类季节分布分析

从鸟类在各月份的统计结果可以看出，研究区域鸟类种类在春秋迁徙季节最高，而数量则在秋季和冬季最多。1~2 月，以越冬雁鸭类为主。2 月下旬至 3 月中旬是鹤类、鹳类、鸥类、雁鸭类迁徙高峰期。3 月下旬至 5 月上旬是涉禽迁徙高峰期。4 月中旬至 7 月上旬是东方白鹳、黑嘴鸥及部分涉禽、雁鸭类、雀形目鸟类的繁殖期。7 月中旬至 10 月上旬，部分涉禽、雁鸭类、鸥类迁徙，但数量相对分散。10 月下旬至 11 月下旬是鹤类、鹳类、雁鸭类等大型鸟类迁徙高峰期。12 月，少量灰鹤、丹顶鹤及雁鸭类迁徙。

（二）讨论

基于本次调查数据，保护区区域鸟类类型丰富，珍稀濒危鸟类较多，这使得保护区区域在具有很高的保护价值的同时，也面临着一定的压力，例如人为干扰、环境污染、天敌危害、栖息地退化等，为了进一步提高对鸟类的保护，需要加强以下几方面的工作。

1. 加大对鸟类保护的宣传

自然保护区自建立以来，附近居民或游客等对鸟类保护意识得到了很大程度的提高，但是也应该看到还有相当一部分人的保护意识不够，应进一步加大鸟类保护宣传，对相关法律法规进行普及，提高公众对鸟类保护的意识。

2. 优化保护区生态环境

对保护区区域水质、大气、土壤等进行常规检测，治理环境出现恶化的区域，为鸟类生存提供良好的环境。同时加强对湿地的退化修复，恢复鸟类栖息地。

3. 加强自然保护区建设与管理

自然保护区的建立对鸟类保护起到了至关重要的作用，加强自然保护区的建设与管理，需要继续加强对工作人员的培训，增强人员对鸟类调查、识别、保护、监测等的能力。另外，还要不断从科学性、便捷性上完善已经建立的鸟类监测体系，同时加强各个平台的交流和反馈，将鸟类调查统计结果及时应用到保护区的日常保护工作中去。

第二节　黄渤海水鸟调查

鸻鹬类是典型的水鸟，全世界约有 54 属 220 余种，广布世界各地，中国约有 31 属 76 种。估计种群数量为 3 万~500 万只。鸻鹬类大多生活在沿海滩涂及内陆湖泊。中国鸻鹬类的迁徙基本是南北走向，东亚—澳大利西亚迁徙路线的鸻鹬类 65 种，总数超过 500 万只的 80% 于迁徙途中经过中国东南沿海。自然保护区是监测东亚—澳大利西亚通道鸟类迁徙动态的主要监测点之一。

自然保护区针对迁徙鸻鹬类水鸟的调查工作始于 1997 年，吕卷章等人监测记录鸻鹬类水鸟 30 种 126979 只；2016 年 4 月，自然保护区选择春季水鸟迁徙高峰期，开展北迁水鸟调查工作，结合 1997 年相同调查区域的数据，分析水鸟种群数量、分布的变化对于掌握黄河三角洲地区，乃至环渤海区域水鸟动态具有重要意义，同时对于分析水鸟栖息地的现状及变化、提出保护措施有指导意义。

一、调查时间及区域

滩涂调查时间为 2016 年 4 月 18~24 日，内陆小杓鹬专项调查时间为 2016 年 4 月 26 日。

调查区域为自然保护区及周边湿地。

调查区域包括自然保护区的所有沿海滩涂及保护区周边的滩涂湿地。见表3-2、图3-5。

表 3-2　水鸟调查区域分布

地点	管理站	地理坐标
挑河口	一千二	118.5991E，38.1037N
三河	一千二	118.6231E，38.0819N
四河西	一千二	118.6622E，38.1183N
海港	一千二	118.9549E，38.0917N
五号桩	黄河口	118.9060E，38.0165N
人工河	黄河口	119.1056E，37.8126N
新黄河口	黄河口	119.2248E，37.8063N
大汶流沟子	大汶流	119.1013E，37.6840N
小岛河	大汶流	118.9562E，37.5961N
广利支脉河口	东营区	118.9392E，37.3515N

图 3-5　调查区域分布图

二、调查方法

调查方法采样直接计数法记录调查自然保护区滩涂区水鸟的种类、数量和分布。主要调查工具有 Kowa 8×40 双筒望远镜、SWAROVSKISLC 20～60 倍单筒望远镜、GPS 定位仪、Canon PowerShot SX50HS、鸟类图鉴等。

鸟类优势度分析方法采用优势种公式：

$$T_i=N_i/N$$

式中，N_i 为群落中第 i 种物种的个数；N 为群落中总的个数。$T_i \geqslant 10\%$ 的物种定为极优势种，$1\% \leqslant T_i < 10\%$ 为优势种，$0.1\% \leqslant T_i < 1\%$ 的为常见种，$0.01\% \leqslant T_i < 0.1\%$ 为稀有种，$T_i < 0.01\%$ 为偶见种。

三、调查结果

（一）鸟类种类及数量分析

2016 年 4 月 18～26 日，调查记录到水鸟 7 目 18 科 37 属 73 种 150085 只，占自然保护区分布的鸟类种类的 19.6%，详见表 3-3。含国家二级重点保护鸟类有白琵鹭、卷羽鹈鹕、小杓鹬 3 种，国家一级重点保护鸟类有东方白鹳、白鹤、丹顶鹤、遗鸥 4 种，其中白鹤为世界自然保护联盟极危物种，丹顶鹤、东方白鹳、大杓鹬、大滨鹬为世界自然保护联盟濒危物种，黑嘴鸥为易危物种。山东省级保护鸟类有白腰杓鹬、红颈滨鹬、蛎鹬、反嘴鹬、彩鹬、凤头䴙䴘、普通鸬鹚、苍鹭、草鹭、大白鹭、白鹭、牛背鹭、灰雁、鸥嘴噪鸥、红嘴巨鸥 15 种。中日候鸟保护协定鸟类 49 种，中澳候鸟保护协定鸟类 31 种（表 3-3）。

从记录鸟类种类和数量看，以鸻形目鸟类种类最多，达 45 种，占鸟类种数的 62%；其次为雁形目，共 12 种，占鸟类种数的 16%；以下依次为鹳形目 8 种、鹤形目 3 种、鹈形目 2 种、䴙䴘目 2 种、佛法僧目 1 种（图 3-6）。

从鸟类数量上看，在统计鸟类中，鸻鹬类占绝大多数，共计 135086 只，占鸟类总数的 97.33%；雁形目鸟类 2185 只，占 1.46%；鹤形目鸟类 1510 只，占 1.01%；鹳形目鸟类 203 只，占 0.14%；䴙䴘目鸟类 75 只，占 0.05%；鹈形目鸟类 28 只，占 0.02%（图 3-7）。

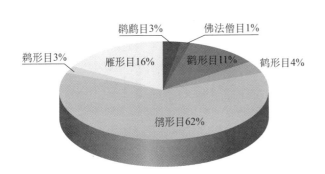

图 3-6　鸟类各目种数比较

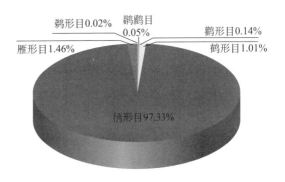

图 3-7　鸟类各目数量组成

表 3-3　调查到水鸟种类

中文名	拉丁学名	目	科	属	居留型	保护等级	省级保护	濒危野生动植物种国际贸易公约	世界自然保护联盟濒危物种红色名录	中国濒危动物红皮书	中日候鸟保护协定	中澳候鸟保护协定
黑尾塍鹬	*Limosa limosa*	鸻形目	丘鹬科	塍鹬属	旅鸟				NT		√	√
斑尾塍鹬	*Limosa lapponica*	鸻形目	丘鹬科	塍鹬属	旅鸟				NT		√	√
小杓鹬	*Numenius minutus*	鸻形目	丘鹬科	杓鹬属	旅鸟	II			LC			√
中杓鹬	*Numenius phaeopus*	鸻形目	丘鹬科	杓鹬属	旅鸟				LC		√	√
白腰杓鹬	*Numenius arquata*	鸻形目	丘鹬科	杓鹬属	旅鸟		√		NT		√	√
大杓鹬	*Numenius madagascariensis*	鸻形目	丘鹬科	杓鹬属	旅鸟				EN		√	√
鹤鹬	*Tringa erythropus*	鸻形目	丘鹬科	鹬属	旅鸟				LC		√	
红脚鹬	*Tringa totanus*	鸻形目	丘鹬科	鹬属	旅鸟				LC		√	√
泽鹬	*Tringa stagnatilis*	鸻形目	丘鹬科	鹬属	旅鸟				LC		√	√
青脚鹬	*Tringa nebularia*	鸻形目	丘鹬科	鹬属	旅鸟				LC		√	√
林鹬	*Tringa glareola*	鸻形目	丘鹬科	鹬属	旅鸟				LC		√	√
翘嘴鹬	*Xenus cinereus*	鸻形目	丘鹬科	翘嘴鹬属	旅鸟				LC		√	√
矶鹬	*Actitis hypoleucos*	鸻形目	丘鹬科	矶鹬属	旅鸟				LC		√	
翻石鹬	*Arenaria interpres*	鸻形目	丘鹬科	翻石鹬属	旅鸟				LC		√	√
大滨鹬	*Calidris tenuirostris*	鸻形目	丘鹬科	滨鹬属	旅鸟				EN			√
红腹滨鹬	*Calidris canutus*	鸻形目	丘鹬科	滨鹬属	旅鸟				NT		√	√
红颈滨鹬	*Calidris ruficollis*	鸻形目	丘鹬科	滨鹬属	旅鸟		√		NT		√	√

（续）

中文名	拉丁学名	目	科	属	居留型	保护等级					
						省级保护	濒危野生动植物种国际贸易公约	世界自然保护联盟濒危物种红色名录	中国濒危动物红皮书	中日候鸟保护协定	中澳候鸟保护协定
长趾滨鹬	*Calidris subminuta*	鸻形目	丘鹬科	滨鹬属	旅鸟			LC		√	√
尖尾滨鹬	*Calidris acuminata*	鸻形目	丘鹬科	滨鹬属	旅鸟			LC		√	
黑腹滨鹬	*Calidris alpina*	鸻形目	丘鹬科	滨鹬属	旅鸟			LC		√	√
弯嘴滨鹬	*Calidris ferruginea*	鸻形目	丘鹬科	滨鹬属	旅鸟			NT		√	√
蛎鹬	*Haematopus ostralegus*	鸻形目	蛎鹬科	蛎鹬属	夏候鸟	√		NT		√	
黑翅长脚鹬	*Himantopus himantopus*	鸻形目	反嘴鹬科	长脚鹬属	夏候鸟			LC		√	
反嘴鹬	*Recurvirostra avosetta*	鸻形目	反嘴鹬科	反嘴鹬属	夏候鸟	√		LC		√	
彩鹬	*Rostratula benghalensis*	鸻形目	彩鹬科	彩鹬属	夏候鸟	√		LC			√
金斑鸻	*Pluvialis fulva*	鸻形目	鸻科	斑鸻属	旅鸟			LC		√	√
灰斑鸻	*Pluvialis squatarola*	鸻形目	鸻科	斑鸻属	旅鸟			LC		√	√
环颈鸻	*Charadrius alexandrinus*	鸻形目	鸻科	鸻属	夏候鸟			LC			√
金眶鸻	*Charadrius dubius*	鸻形目	鸻科	鸻属	夏候鸟			LC			√
蒙古沙鸻	*Charadrius mongolus*	鸻形目	鸻科	鸻属	旅鸟			LC		√	√
铁嘴沙鸻	*Charadrius leschenaultii*	鸻形目	鸻科	鸻属	旅鸟			LC		√	√
长嘴剑鸻	*Charadrius placidus*	鸻形目	鸻科	鸻属	旅鸟			LC			
普通燕鸻	*Glareola maldivarum*	鸻形目	燕鸻科	燕鸻属	夏候鸟			LC		√	√
凤头麦鸡	*Vanellus vanellus*	鸻形目	鸻科	麦鸡属	旅鸟			LC		√	
小䴙䴘	*Tachybaptus ruficollis*	䴙䴘目	䴙䴘科	小䴙䴘属	留鸟			LC			

（续）

中文名	拉丁学名	目	科	属	居留型	保护等级	省级保护	濒危野生动植物种国际贸易公约	世界自然保护联盟濒危物种红色名录	中国濒危动物红皮书	中日候鸟保护协定	中澳候鸟保护协定
凤头䴙䴘	*Podiceps grisegena*	䴙䴘目	䴙䴘科	䴙䴘属	旅鸟		√		LC		√	
卷羽鹈鹕	*Pelecanus crispus*	鹈形目	鹈鹕科	鹈鹕属	旅鸟	II		附录 I	VU			
普通鸬鹚	*Phalacrocorax carbo*	鹈形目	鸬鹚科	鸬鹚属	旅鸟		√		LC			
苍鹭	*Ardea cinerea*	鹳形目	鹭科	鹭属	留鸟		√		LC			
草鹭	*Ardea purpurea*	鹳形目	鹭科	鹭属	夏候鸟		√		LC		√	
大白鹭	*Egretta alba*	鹳形目	鹭科	鹭属	夏候鸟		√	附录 III	LC		√	√
白鹭	*Egretta garzetta*	鹳形目	鹭科	白鹭属	夏候鸟		√	附录 III	LC		√	
牛背鹭	*Bubulcus ibis*	鹳形目	鹭科	牛背鹭属	夏候鸟		√	附录 III	LC			√
夜鹭	*Nycticorax nycticorax*	鹳形目	鹭科	夜鹭属	夏候鸟				LC		√	
东方白鹳	*Ciconia boyciana*	鹳形目	鹳科	鹳属	夏候鸟	I		附录 I	EN	濒危	√	
白琵鹭	*Platalea leucorodia*	鹳形目	鹮科	琵鹭属	旅鸟	II		附录 II	LC	易危	√	
豆雁	*Anser fabalis*	雁形目	鸭科	雁属	冬候鸟				LC		√	
灰雁	*Anser anser*	雁形目	鸭科	雁属	冬候鸟		√		LC			
赤麻鸭	*Tadorna ferruginea*	雁形目	鸭科	麻鸭属	旅鸟				LC		√	
翘鼻麻鸭	*Tadorna tadorna*	雁形目	鸭科	麻鸭属	旅鸟				LC		√	
赤颈鸭	*Anas penelope*	雁形目	鸭科	鸭属	冬候鸟				LC		√	
罗纹鸭	*Anas falcata*	雁形目	鸭科	鸭属	冬候鸟			附录 III	NT		√	
绿翅鸭	*Anas crecca*	雁形目	鸭科	鸭属	冬候鸟			附录 III	LC		√	
绿头鸭	*Anas platyrhynchos*	雁形目	鸭科	鸭属	留鸟				LC		√	

（续）

中文名	拉丁学名	目	科	属	居留型	保护等级	省级保护	濒危野生动植物种国际贸易公约	世界自然保护联盟濒危物种红色名录	中国濒危动物红皮书	中日候鸟保护协定	中澳候鸟保护协定
白眉鸭	*Anas querquedula*	雁形目	鸭科	鸭属	冬候鸟			附录Ⅲ	LC		√	√
斑嘴鸭	*Anas poecilorhyncha*	雁形目	鸭科	鸭属	留鸟				LC			
白眼潜鸭	*Aythya nyroca*	雁形目	鸭科	潜鸭属	旅鸟			附录Ⅲ	NT			
红胸秋沙鸭	*Mergus serrator*	雁形目	鸭科	秋沙鸭属	冬候鸟				LC		√	
白鹤	*Grus leucogeranus*	鹤形目	鹤科	鹤属	旅鸟	Ⅰ		附录Ⅰ	CR	濒危		
丹顶鹤	*Grus japonensis*	鹤形目	鹤科	鹤属	冬候鸟	Ⅰ		附录Ⅰ	EN	濒危		
骨顶鸡	*Fulica atra*	鹤形目	秧鸡科	骨顶属	留鸟				LC			
黑尾鸥	*Larus crassirostris*	鸻形目	鸥科	鸥属	冬候鸟				LC			
普通海鸥	*Larus canus*	鸻形目	鸥科	鸥属	冬候鸟				LC		√	
西伯利亚银鸥	*Larus vegae*	鸻形目	鸥科	鸥属	冬候鸟				LC		√	
红嘴鸥	*Larus ridibundus*	鸻形目	鸥科	鸥属	冬候鸟				VU		√	
黑嘴鸥	*Larus saundersi*	鸻形目	鸥科	鸥属	夏候鸟				VU	易危		
遗鸥	*Larus relictus*	鸻形目	鸥科	鸥属	旅鸟	Ⅰ		附录Ⅰ	VU	易危		
鸥嘴噪鸥	*Gelochelidon nilotica*	鸻形目	燕鸥科	噪鸥属	夏候鸟		√		LC			
红嘴巨鸥	*Hydroprogne caspia*	鸻形目	燕鸥科	巨鸥属	旅鸟		√		LC			√
普通燕鸥	*Sterna hirundo*	鸻形目	燕鸥科	燕鸥属	夏候鸟				LC		√	
白额燕鸥	*Sterna albifrons*	鸻形目	燕鸥科	燕鸥属	夏候鸟				LC			√
灰翅浮鸥	*Chlidonias hybridus*	鸻形目	燕鸥科	浮鸥属	夏候鸟				LC			
普通翠鸟	*Alcedo atthis*	佛法僧目	翠鸟科	翠鸟属	留鸟				LC			

（二）水鸟优势种

根据鸟类物种优势度统计结果看，在识别出来的73种108779只鸟类中，极优势种（$T_i \geqslant 10\%$）有3种，共计53364只，占全部识别鸟类总数量的49.06%，包括白腰杓鹬（T_i=10.31）、大杓鹬（T_i=11.80）和黑腹滨鹬（T_i=26.95）；优势种（$10\% > T_i \geqslant 1\%$）共15种，计49067只，占全部识别鸟类数量的45.11%，如黑尾塍鹬、斑尾塍鹬、小杓鹬、中杓鹬、鹤鹬、泽鹬、大滨鹬、红腹滨鹬、红颈滨鹬、灰斑鸻、环颈鸻、翘鼻麻鸭、骨顶鸡、红嘴鸥、黑嘴鸥。常见种（$1\% > T_i \geqslant 0.1\%$）共14种，计5128只，占全部识别鸟类数量的4.71%，如青脚鹬、翘嘴鹬、翻石鹬、弯嘴滨鹬、矶鹬、黑翅长脚鹬、反嘴鹬、金斑鸻、铁嘴沙鸻、绿翅鸭、黑尾鸥、普通海鸥、鸥嘴噪鸥和普通燕鸥。稀有种（$0.1\% > T_i \geqslant 0.01\%$）共27种，计1188只，占全部识别鸟类数量的1.09%，如红脚鹬、泽鹬、金斑鸻、凤头䴘鹛、卷羽鹈鹕、苍鹭、东方白鹳、豆雁、赤颈鸭、白鹤、西伯利亚银鸥、白额燕鸥等。

四、讨论与分析

（一）鸻鹬类水鸟种群变化

1997年鸻鹬类水鸟37种130122只，2016年鸻鹬类水鸟34种132859只，种类减少3种，数量增加7580只。2016年水鸟调查中，未监测到小青脚鹬、白腰草鹬、半蹼鹬、乌脚滨鹬、阔嘴鹬、流苏鹬和红胸鸻；2016年新增4种水鸟，即彩鹬、长嘴剑鸻、凤头麦鸡和金眶鸻，数量共计101只。在已识别的鸻鹬类水鸟中，23种鸻鹬类水鸟的个体数量增加，包括小杓鹬、中杓鹬、白腰杓鹬、红腰杓鹬、鹤鹬、红脚鹬、泽鹬、青脚鹬、翘嘴鹬、翻石鹬、红腹滨鹬、红胸滨鹬、黑腹滨鹬、弯嘴滨鹬、矶鹬、黑翅长脚鹬、反嘴鹬、金斑鸻、铁嘴沙鸻、彩鹬、长嘴剑鸻、凤头麦鸡、金眶鸻；11种鸻鹬类水鸟种群数量减少，包括黑尾塍鹬、斑尾塍鹬、林鹬、矶鹬、大滨鹬、长趾滨鹬、尖尾滨鹬、灰斑鸻、环颈鸻、蒙古沙鸻、普通燕鸻。

（二）鸻鹬类水鸟分布变化

与1997年鸻鹬类水鸟调查数据相比较，2016年一千二管理站、黄河口管理站水鸟种群数量呈下降的趋势，而大汶流管理站的北迁鸻鹬类水鸟种群数量增加，尤其是在大汶流沟子附近的滩涂区域，鸻鹬类水鸟种群达到27种60316只，显著高于1997年（16种21372只）。自然保护区周边滩涂区域，水鸟种群数量也呈下降趋势，其中五号桩减少12种约10295只，广利支脉河口减少1种约15880只。

从水鸟优势种的分布变化看，极优势种白腰杓鹬、大杓鹬、黑腹滨鹬的种群数量相比1997年增加，在各调查地点的分布除了五号桩附近滩涂区域变化不大外，总体呈增加的趋势，在自然保护区内增加的趋势尤为明显；白腰杓鹬在大汶流管理站增加趋势显著，尤其是在大汶流沟子附近滩涂明显高于1997年，增加比例达到了6542%；大杓鹬种群2016年主要分布在大汶流和黄河口管理站辖区滩涂，而1997年主要分布在一千二管理站；黑腹滨鹬在2016年种群数量达到29321只，在大汶流管理站的数量占68%，显著高于1997年黑腹滨鹬种群（647只）（图3-8至图3-10）。优势种中黑尾塍鹬、斑尾塍鹬、大滨鹬、环颈鸻、灰斑鸻2016年春季的种群数量相比1997年呈下降的趋势，其中环颈鸻的种群在各调查点的数量均减少，灰斑鸻在大汶流管理站的种群分布相对增加；中杓鹬、鹤鹬、泽鹬、红腹滨鹬、红颈滨鹬在2016年的调查中，种群数量增加，在大汶流管理站辖区南部滩涂区域分布较广泛（表3-4）。

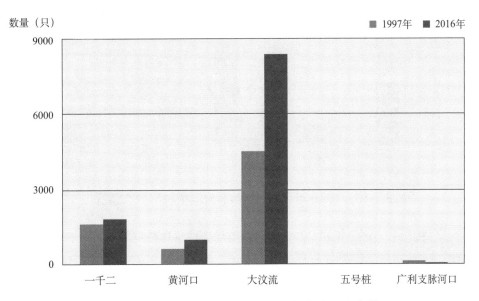

图 3-8　1997 年和 2016 年白腰杓鹬种群分布情况

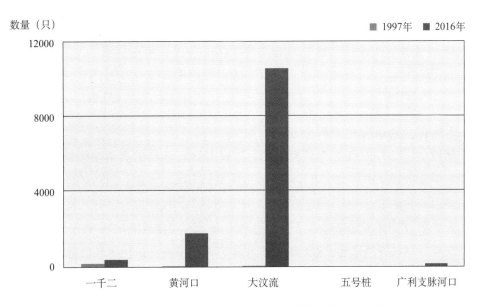

图 3-9　1997 年和 2016 年大杓鹬种群分布情况

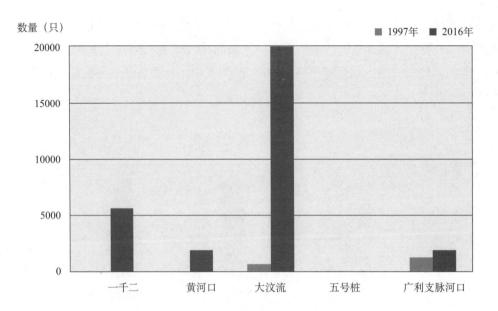

图 3-10　1997 年和 2016 年黑腹滨鹬种群分布情况

表 3-4　1997 年和 2016 年鸻鹬类优势种水鸟种群数量及分布

地点	黑尾塍鹬		斑尾塍鹬		小杓鹬		中杓鹬		鹤鹬		泽鹬		大滨鹬		红腹滨鹬		红颈滨鹬		灰斑鸻		环颈鸻	
	1997	2016	1997	2016	1997	2016	1997	2016	1997	2016	1997	2016	1997	2016	1997	2016	1997	2016	1997	2016	1997	2016
一千二	2	634	193	165	0	0	10	121	153	12	390	4	10	81	0	689	4	50	5359	3631	9219	2165
五号桩	0	0	6	0	0	0	26	0	15	0	252	0	129	0	0	0	1	0	177	0	7805	0
黄河口	2800	317	227	102	0	0	63	44	32	1	1	8	70	30	7	6	0	7	1772	275	913	32
大汶流	4393	1455	7093	1286	0	0	1026	1925	130	1069	158	2183	2230	1507	311	1573	647	3590	5736	6259	989	823
广利支脉河口	1	1281	3155	1895	0	0	319	815	1	4	4	63	9518	2	53	55	1242	20	1855	60	462	162

（三）水鸟种群、分布变化原因分析

从调查数据显示，较 1997 年水鸟调查数据，2016 年北迁水鸟的数量呈增加的趋势；而就其分布而言，主要集中在自然保护区大汶流管理站湿地恢复区及大汶流潮沟附近的滩涂湿地，自然保护区周边区域及黄河口管理站、一千二管理站内水鸟分布减少，说明部分区域滩涂湿地的环境质量下降，导致自然保护区外围区域水鸟种群下降；另一方面，随着自然保护区一系列生态工程的实施，为水鸟提供了安全、适宜的栖息地，湿地恢复区成了越来越多迁徙过境水鸟的避难所。

（四）水鸟受威胁因素分析

1. 水产养殖不合理占用滩涂

20 世纪 70 年代后期与 80 年代初期，黄河三角洲水产养殖场面积增长缓慢，自 80 年代后期增长迅速，按照线性方程计算，黄河三角洲水产养殖面积在 2010 年达到 41800hm²（图 3-11）。据研

图 3-11　自然保护区周边水产养殖池

究人员报道，东营市适宜发展水产养殖的滩涂面积达 120000hm²，滩涂养殖正成为地方的特色发展模式，当地居民为充分利用黄河三角洲滩涂的优势，加大了海水养殖的力度，扩大海水养殖的范围，在黄河三角洲沿海滩涂建立了众多养殖基地，大量滩涂湿地遭到过渡开垦和无序开发，使湿地生物失去了栖息地，滩涂埋栖性贝类赖以生存繁衍的栖息地被破坏。

2. 外来入侵物种互花米草的威胁

互花米草是我国沿海滩涂危害性最强的入侵植物，由于互花米草生命力旺盛，具有极强的耐盐和耐淹能力、无性繁殖能力强、扩散快等生理生态学特性，自 1990 年引入黄河三角洲孤东采油区北侧五号桩附近以来，互花米草便迅速生长蔓延，至 2013 年互花米草面积接近 900hm²，已遍布黄河三角洲自然保护区潮间带区域。自 2013 年后，黄河入海口两侧的互花米草继续迅速扩张（图 3-12），对潮间带植被生物多样性、鸟类栖息地质量、航运等方面带来诸多负面影响。

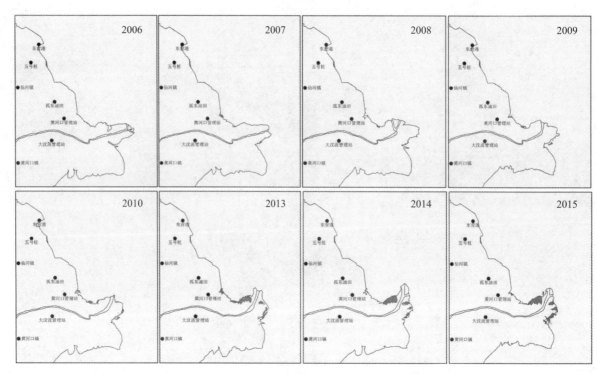

图 3-12　2006—2015 年间黄河三角洲互花米草的扩张

3. 渔业捕捞、航运对底栖生物的干扰

渔业捕捞对黄河三角洲河口区的底栖动物群落造成明显的影响，近岸底栖动物群落遭受的扰动明显要强于外海。在刁口河水鸟调查中记录到，92 人在泥滩采集铁蛤、文蛤等底栖生物（图 3-13），

图 3-13　刁口河流路泥滩挖蛤蜊的人

人为的这些干扰改变了泥滩的结构，减少了迁徙过境觅食的水鸟的数量。在黄河入海口、大汶流沟子附近海域，航道航运较之渔业捕捞对底栖动物群落有更加剧烈的扰动。

广利支脉河口渔业资源生物79种，其中鱼类18种，无脊椎动物61种，该处渔业发达(图3-14)，广利港属于国家一级渔港，是渔民生产、生活的场所，渔业产、供、销链条上的重要枢纽，在一定程度上，对周围滩涂的干扰较大，是迁徙水鸟种群较少的原因。

图 3-14　广利支脉河口停泊的渔船

五、管理建议

（一）建立生物多样性保护区，加大湿地生态保护和恢复力度

实施鸟类栖息地改善工程，大力改善动物栖息地环境，保护生物多样性。制定相应的湿地保护管理办法，加大资金投入，恢复和提升湿地结构和功能，使湿地质量得到改善提高，保护湿地生物多样性，保证生态安全。

（二）推进生态补偿制度建设

目前，我国生态补偿资金来源主要是国家财政预算拨款和行政事业性收费，资金筹集渠道比较单一，解决生态效益补偿资金问题的关键在于国家和省市建立生态补偿基金。积极争取政府湿地生态补偿政策和资金支持，在自然保护区及周边实施生态补偿试点的基础上，争取长期稳定的制度、政策支持，更好地保护生态环境，保护鸟类，实现人与自然和谐。

（三）加强宣传教育

加强与媒体合作，宣传自然保护区保护新成效；开展宣传活动，突出候鸟保护亮点；组织参加各类宣传活动，增强市民、画家、作家等不同行业人员的参与度，增加保护区文化元素，提升文化内涵；以湿地博物馆为载体，开展系列科普教育活动。

第三节　繁殖期东方白鹳调查

　　在自然保护区 3 个管理站开展东方白鹳繁殖期调查，每天沿公路对东方白鹳的巢进行观察，记录东方白鹳的繁殖情况，每两天对自然保护区外建林方向的高压输电线巢进行观察。每隔 3～4 天，对整个大汶流地区进行一次全面调查，每隔两个月对整个保护区进行一次全面调查（图 3-15）。

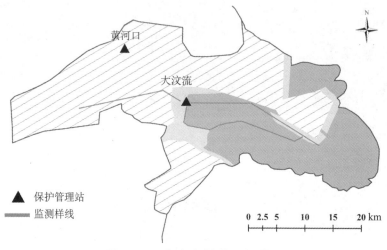

图 3-15　东方白鹳监测样线图

一、监测目的

　　东方白鹳是全球性濒危物种，列入 IUCN 红色物种名录的濒危物种，全球数量约为 3000 只。该物种的保护不仅需要保护种群自身使其延续，还有赖于对其生境的保护。

　　东方白鹳历史上在东北亚地区广泛分布，由于在俄罗斯远东及中国东北部传统繁殖区域的生境遭破坏，栖息地丧失，以及远距离迁徙能量消耗，从 2003 年开始，东方白鹳开始在黄河三角洲自然保护区繁殖，且种群数量不断增多，繁殖成功率稳步提高，已经逐渐形成了一个稳定的繁殖种群。该种群是东方白鹳在北方之外最大的繁殖种群。加强对迁徙停歇地和越冬地东方白鹳的日常监测具有十分重要的意义，可为濒危物种的保护和管理提供基础资料和科学数据。

二、监测和数据处理方法

　　借助电动车和单筒（SWAROVSKL 20～60×80）、双筒望远镜（SWAROVSKL 8×42），沿着上述路线进行 3～4 次调查，监测东方白鹳繁殖数量、不同生境东方白鹳的数量，记录活动区域内栖息地类型、数量大小、干扰因素并进行定位。

三、监测结果与分析

（一）监测结果

通过对近几年来黄河三角洲东方白鹳繁殖数量的监测统计，繁殖对数、繁殖成功对数逐年增加，繁殖成功率除 2014 年出现降低，其余年份均保持在 80% 以上，并且呈现逐渐上升的趋势（图 3-16）。

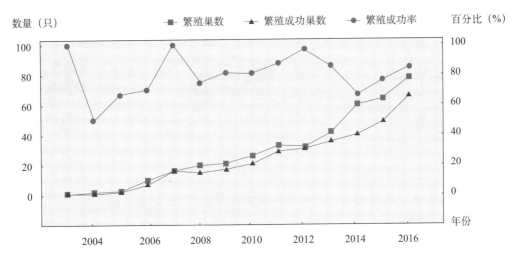

图 3-16 2003—2016 黄河三角洲东方白鹳繁殖数量及繁殖成功率变化趋势图

根据统计显示，大汶流管理站管辖区域东方白鹳每年繁殖数量占到整个保护区东方白鹳繁殖数量的 80% 以上，繁殖成功对数和幼鸟数量每年递增。黄河口和一千二管理站除 2015 年有所降低，其余年份较为稳定。

（二）分析

自 2002 年开始，自然保护区开始实施湿地修复工程，芦苇湿地面积逐步扩大，水域面积占到整个湿地恢复区面积的 60% 以上。生境质量的提高，加上传统繁殖地栖息地生境质量的下降，从 2003 年开始，东方白鹳开始在此区域进行营巢繁殖，繁殖数量逐年增加，繁殖成功率稳步提升。

从表 3-5、表 3-6 可以看出，大汶流管理站管辖区域的东方白鹳繁殖数量和繁殖幼鸟数逐年增多。从表 3-7 可以看出，大汶流管理站辖区范围内，利用电线杆巢和人工招引杆巢进行繁殖的东方白鹳数量增长逐渐放缓，利用高压输电线塔巢繁殖的东方白鹳数量开始逐年增加。这可能由于该区域没有高大乔木为东方白鹳提供营巢巢基，东方白鹳只能选择电线杆、人工招引杆和高压输电线塔这些高大建筑物进行营巢。地处核心区缓冲区的电线杆巢和人工招引巢周边水域面积较大，干扰程度较低，为东方白鹳繁殖提供良好的外部环境，又因为东方白鹳有集中营巢的现象，利用电线杆巢和人工招引杆巢进行营巢繁殖的东方白鹳数量逐年增多，但由于电线杆和人工招引杆数量一定，随着越来越多的东方白鹳来此繁殖，潜在能够为东方白鹳提供营巢机会的电线杆和人工招引杆数量逐渐减少，东方白鹳面对逐渐饱和的核心区、缓冲区，开始向保护区外围的试验区进行转移，选择试

表 3-5　2013—2016 黄河三角洲自然保护区东方白鹳繁殖成功对数（单位：对）

地点	2013	2014	2015	2016
大汶流	29	27	44	51
黄河口	7	5	2	7
一千二	—	8	3	8

表 3-6　2013—2016 黄河三角洲自然保护区东方白鹳繁殖幼鸟数量（单位：只）

地点	2013	2014	2015	2016
大汶流	97	87	137	161
黄河口	17	12	4	17
一千二	—	10	6	18

表 3-7　2013—2016 黄河三角洲大汶流东方白鹳不同类型巢址数量变化（单位：个）

巢址类型	2013	2014	2015	2016
电线杆巢	21	24	30	37
人工招引杆巢	8	2	11	10
高压输电线塔巢	0	0	3	4

验区路边的高压输电线塔进行营巢繁殖。

对于黄河口和一千二管理站管辖范围内，东方白鹳营巢繁殖数量相对于大汶流管理站较少，一方面由于生境多以盐碱地和农田为主，缺少东方白鹳觅食栖息所需的明水面和芦苇湿地；另一方面油田分布较为密集，采油等人为干扰因素强度较大。

四、管理建议

增加大汶流管理站管辖区人工招引杆的数目，对倾斜、损坏的人工巢进行修缮和加固，此外对自然保护区外围已经利用的高压输电线塔巢周边树立一些高度较高的人工招引杆。

由于该地区在每年春天都会出现"风潮"的现象，对东方白鹳营巢有较大影响，自然保护区应协同电力部门，检查电线杆的牢固性并对巢进行人为加固。

在东方白鹳繁殖期间，尽可能降低人为干扰对东方白鹳繁殖的影响。由于电线杆巢离马路较近，所以对进入自然保护区的车辆要求降低车速、禁止鸣笛。同时也要合理安排芦苇收割时间，尽可能错开东方白鹳繁殖初期，降低收割芦苇对繁殖的影响。

进一步加强对核心区偷盗鱼类资源行为的打击。在东方白鹳育雏期，加强对巢周边的日常巡护，对从巢掉落下来的幼鸟第一时间能发现并进行救助，此外，对黄河口和一千二管理站辖区选择适当区域进行湿地恢复工程。

第四节　繁殖期黑嘴鸥调查

黑嘴鸥 (*Larus saundersi*) 为世界易危鸟类，全球种群数量约为 14000 只，为中国东部地区特有的繁殖鸟，越冬分布于南部沿海和日本南部沿海。自 1990 年首次在黄河三角洲发现黑嘴鸥以来，保护区积极同国内外专家及相关单位和组织开展黑嘴鸥研究合作项目，调查研究黑嘴鸥在保护区内的数量、分布、繁殖习性及黑嘴鸥的环志等工作。

在迁徙期的野外调查发现，自然保护区及周边沿海均有黑嘴鸥分布，数量集中区域主要分布在人工河口、新黄河口、老黄河口、大汶流沟、十五万亩湿地恢复区 5 个区域内，这些区域为生物多样性较为丰富的河口区域及近海滩涂。

黑嘴鸥的栖息生境为在大潮能淹没的分布有碱蓬的潮间带、潮沟两岸、河口区，少量会飞到距滩涂较远的有淡水的沼泽、池塘中。

一、调查方法

野外直数法，根据黑嘴鸥的生态习性，踏查其栖息繁殖地，采取野外直接观察法，借助单筒望远镜识别种类，双筒望远镜（8×40）统计数量。

二、调查结果

2016 年，自然保护区黑嘴鸥繁殖地主要有 3 处（图 3-17），分别是一千二管理站湿地恢复区，营巢 2625 个；大汶流管理站湿地恢复区繁殖岛，营巢 728 个；黄河口管理站湿地恢复区，营巢 240 个。

截至黑嘴鸥繁殖期结束，自然保护区区域共有 7186 只黑嘴鸥参与繁殖，共营巢 3593 个。黑嘴鸥繁殖种群在黄河三角洲创历史之最，较 2015 年（5330 只）增加 25.6%（图 3-18）。

今后，自然保护区将在黑嘴鸥繁殖地实施更加严格的封闭式管理，杜绝人为干扰。恢复繁殖地植被，合理控制繁殖地水面面积和水位。繁殖地四周沟渠挖深、挖宽，防止天敌进入侵害。加强鸟类栖息地选择、食性、恢复等科学研究，有力指导保护管理。实施鸟类栖息地恢复与改善工程，扩大繁殖地面积，改善其繁殖地质量，丰富其食物资源，不断恢复其种群数量，为拯救该物种做出应有贡献。

图 3-17　2016 年黄河三角洲自然保护区黑嘴鸥繁殖区位置图

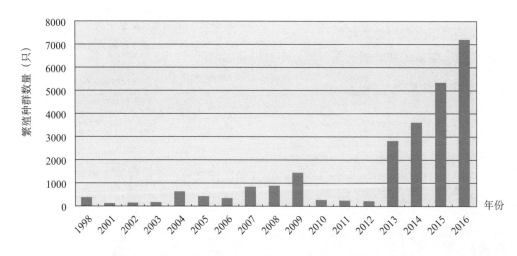

图 3-18　历年黄河三角洲黑嘴鸥繁殖种群数量变化图

第五节　山东黄河三角洲国家级自然保护区
2016 年越冬鹤类调查

　　中国自然分布的鹤类有 9 种，在自然保护区自然分布的鹤类有丹顶鹤、白鹤、白头鹤、灰鹤、白枕鹤、蓑羽鹤、沙丘鹤共 7 种。迁徙期鹤类的种类数量较多，常见的有灰鹤、丹顶鹤、白头鹤、白枕鹤、白鹤。常年稳定在自然保护区的鹤类有丹顶鹤和灰鹤；白枕鹤和白头鹤在冬季偶尔会在自然保护区越冬，一般以小家庭与灰鹤混群。近几年有白鹤小种群在自然保护区越冬，蓑羽鹤、沙丘鹤多为迷鸟，偶尔混群于灰鹤种群，在保护区越冬。

自然保护区自2006年启动越冬鹤类系统调查以来，在黄河三角洲地区监测到越冬的丹顶鹤一般维持在30～60只，最高数量出现在2015—2016年度冬季，数量达137只（图3-19）。丹顶鹤越冬期白天常以单个或几个家族群小群活动，亚成体有时集群多达十几只，夜间多栖息于人为干扰少、视野开阔四周环水的浅滩上或苇塘边。黄河三角洲地区是灰鹤相对稳定的越冬地，灰鹤数量在2000～3000只（图3-20）。灰鹤多集群在农田觅食，夜间同样栖息于人为干扰少、视野开阔四周环水的浅滩上或苇塘边。通过比较近10年的越冬丹顶鹤和灰鹤监测数据，鹤类数量呈现出增加的趋势。

越冬鹤类在自然保护区内白天主要在稻田、麦地等取食冬小麦苗、水稻粒等植物性食物，也有一些丹顶鹤在滨海滩涂取食天津厚蟹等动物性食物。夜间丹顶鹤和灰鹤主要栖息在湿地恢复区和浅

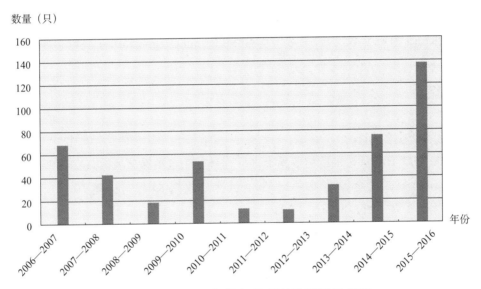

图3-19　2006—2016年越冬丹顶鹤种群数量状况

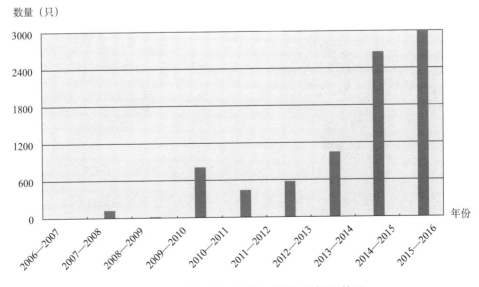

图3-20　2006—2016年越冬灰鹤种群数量状况

海的滩涂区，人为干扰少，安全性较好。随着自然保护区对鹤类保护的重视，越冬鹤类种群呈增加趋势，2015—2016 年冬季，自然保护区巡护监测人员密切关注越冬鹤类的种类、数量的变化，除了每日监测统计上报外，还进行了 3 次野外同步调查，提供了准确翔实的资料，为越冬鹤类的保护工作奠定了重要的数据基础。

一、调查方法

根据鹤类种群数量、食性及分布特征，自然保护区巡护监测人员组织多次同步调查，对保护区内实验区的农田采用直数法记录越冬鹤类数量。采用固定巡护路线巡护法及重点区域实地踏查方式，调查鹤类越冬数量及栖息地分布状况。借助单筒望远镜 (SWAROVSKI STS 65 HD) 识别种类，双筒望远镜 (Kowa BD 8×42) 统计数量，用 GPS(Garmin Oregon 550) 记录发现鹤类地点。

二、调查结果

（一）越冬鹤类数量

2017 年 1 月 15 日，周边地区越冬鸟类进行调查。在自然保护区内共发现 35 种鸟类 161063 只。其中鹤类共 4425 只，占全部鸟类的 2.75%；包括丹顶鹤 85 只，白鹤 10 只，白头鹤 9 只，灰鹤 4319 只，白枕鹤 2 只（图 3-21，图 3-22）。

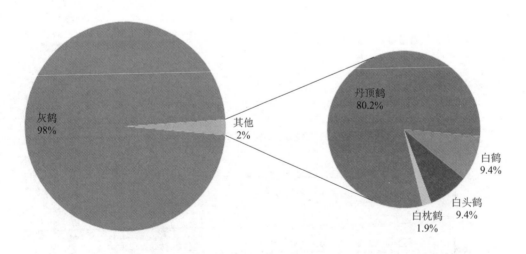

图 3-21 2016 年越冬鹤类种类占调查到的总数比例

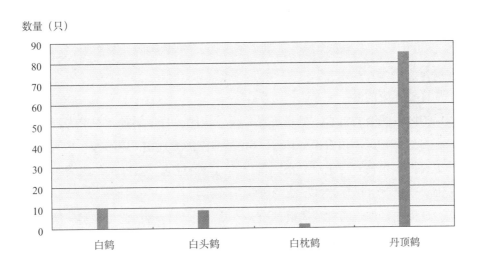

数量（只）

图 3-22　2016 年越冬鹤类种类及数量

（二）鹤类越冬活动特点

灰鹤在越冬期大多选择在水稻、小麦、玉米、大豆等农田中，集群觅食，每群灰鹤数量由数十只到 2000 只不等。灰鹤在自然保护区内成群活动，常见于水稻田中，在大汶流、黄河口管理站表现得较明显，大汶流管理站周边稻田面积约 2.4 万亩[①]，是灰鹤集中觅食区域；黄河口管理站灰鹤分布区位于自然保护区内的实验区，面积约 1900 亩，灰鹤觅食区域距道路的距离通常在 100～1000m，容易受到往来车辆、人员的干扰，灰鹤的觅食群体较大，预警、进食分工配合，这也是为了适应生存环境，长期形成的生态习性。灰鹤饮水主要在黄河内，大群灰鹤常在下午挤在黄河里的沙洲上，边休息边补充水分，时而还会引吭高歌；冬小麦地也有灰鹤分布，在一千二管理站站南农田、黄河 76 年河道西侧冬小麦地里，每年都会有大群灰鹤在此觅食。

与灰鹤相比，丹顶鹤越冬期的食物除了植物性食物，还会摄取鱼、虾、蟹、贝类等动物性食物，因此丹顶鹤除了在农田区域觅食外，还会在滨海滩涂、湿地浅水面觅食，以补充足够多的能量。特大寒流、冰雪降温、水面全部封冻等恶劣天气，丹顶鹤觅食范围会受到影响，农田和滩涂成为其最重要的觅食地。丹顶鹤的警惕性较高，一旦人靠近丹顶鹤过近，丹顶鹤家庭就会集体飞走，寻找其他安全区域觅食。丹顶鹤的夜栖地往往会选择在安全性高的湿地，比如湿地恢复区内四周环水的陆地，抑或海边滩涂。

（三）越冬鹤类的保护举措

1. 扩大鹤类栖息地面积，改善栖息地质量

实施土地用途管制，增加自然保护区内及周边农田粮食作物的种植面积，尤其是小麦、水稻、玉米等农作物。在自然保护区内实施湿地关键物种（丹顶鹤）栖息地营造、优化工程，不断恢复其栖息地面积，引蓄黄河水，及时补给水分，丰富其动物性食物来源，保证越冬期鹤类对浅水湿地的

---

①注：1 亩 =1/15hm²，下同。

需要。实施鸟类补食区工程，针对越冬鸟类缺少水稻、冬小麦和大豆等植物性食物的现状，有计划地实施补食区 4200 亩，为鸟类安全越冬提供食物保障。自然保护区范围滩涂区禁止渔业生产活动，严禁捕食天津厚蟹等鹤类食物。

2. 扩大日常巡护监测范围，增大巡护频度

针对自然保护区内鹤类的觅食、栖息特点，设置灰鹤、丹顶鹤越冬季节专项巡护监测路线，加强巡护监测，在自然保护区周边农田分布区 3km 范围内加大巡护；遇严寒、冰雪等恶劣天气，鹤类取食艰难期，更要提高警惕，对重点分布区实行日夜轮班巡查，做好越冬鹤类的安保工作。

3. 开展宣传教育活动，严厉打击不法行为

在日常巡护过程中，加强与社区居民的交流，发放宣传材料，普及鸟类、湿地知识，以及自然保护区、野生动物保护相关法律法规。针对违法捕猎、毒害野生鸟类等行为，保护区开展"春雷行动"，打击自然保护区及周边非法猎捕及破坏活动；加强入区人员管理，减少人为干扰，对进出自然保护区的车辆进行严格检查，严厉打击违法捕猎鸟类、鱼类行为，创建安全的栖息环境，为鹤类安全越冬创造条件。

2016 年度，上半年主要对林业有害生物继续进行了普查，下半年主要采集其他昆虫标本，并进行鉴定。

一、研究时间与频度

2016 年 4~10 月，每月 1 次，每次 3~5 天。

二、研究方法

（一）昆虫调查

1. 踏查

首先发现林业有害生物危害状况，进而初步确定林业有害生物的种类、寄主植物。各调查点踏查半天，主要网捕，针对杂草和灌木中的昆虫进行采集调查，每次调查中，每种大面积分布植被，网捕 100 网以上分布不广泛的植株，有针对性地进行网扫。采集标本并拍摄照片或影像资料，带回实验室鉴定整理。

2. 诱虫灯调查

在大汶流、黄河口和一千二管理站，典型植被区设立太阳能诱虫、杀虫灯。每日傍晚，在收集箱中滴加乙酸乙酯，每天早上收集所诱集的昆虫，装入塑料盒，标注日期，放在冰箱中冷冻保存，定期进行鉴定统计。

3. 引诱剂调查

利用昆虫对气味的趋性可使用糖醋液诱集法，对于鳞翅目及鞘翅目害虫的预测预报有很好的作用。糖醋液可以使用醋：糖：酒：水 = 4：3：2：1 的比例配制，放入瓶中悬挂于树枝上或埋于林下土中，瓶口与地面平齐。每日清晨回收一次。

（二）病害调查

利用踏查方法，观察林木病害，采集具有典型症状的标本，并及时制作。

1. 病叶

剪取植物上的发病叶片，装入采集袋中。回归宿营地后及时压制标本，避免叶片迅速干缩卷曲。

2. 病枝干

剪取或者锯取发病枝干，标本既有病组织，又有健康组织；枝干标本要包括整个病斑，对于较大病斑的枝干，可截取含有病、健组织的材料。

三、研究结果

（一）林木有害昆虫

共调查到林业害虫 180 种，半翅目 14 科 46 种，鳞翅目 23 科 88 种，膜翅目 2 科 6 种，鞘翅目 12 科 33 种，双翅目 2 科 5 种，直翅目 1 科 2 种，害螨 2 科 5 种（表 3-8）。上述害虫已完成标本制作。

表 3-8　林业害虫种类

目	科	种	拉丁学名	寄主	分布
半翅目	木虱科	白斑红桎木虱	*Colposcenia galactospila* Li	桎柳	叶部
半翅目	木虱科	合欢木虱	*Acizzia jamatonnica* (Kuwayama)	合欢	叶部
半翅目	木虱科	柳线角个木虱	*Eubactericera myohyangi* (Klimaszewski)	旱柳	叶部
半翅目	蝉科	螗蛄	*Platypleura kaempferi* (Fabricius)	柳树、杨树	枝梢部
半翅目	蝽科	桑树岱蝽	*Dalpada* sp.	桑树	叶部
半翅目	蝽科	斑须蝽	*Dolycoris baccarum* (Linn.)	洋白蜡	叶部
半翅目	蝽科	茶翅蝽	*Halyomorpha halys* (Stål)	洋白蜡、紫穗槐、刺槐	叶部
半翅目	蝽科	麻皮蝽	*Eibrthesina fulloi* (Thunberg)	杨树	叶部
半翅目	蝽科	珀蝽	*Plautia fimbriata* (Fabricius)	桎柳、桑树	叶部
半翅目	蝽科	全蝽	*Homalogonia obtusa* (Walker)	刺槐	叶部
半翅目	蝽科	蚱蝉	*Cryptotympana atrata* (Fabricius)	洋白蜡、杨树、柳树	枝梢部
半翅目	盾蝽科	赤条蝽	*Graphosoma nibrolineata* Westwood	榆树	叶部
半翅目	盾蚧科	椰子栉盾蚧	*Hemiberlesis rapax* (Comstock)	洋白蜡	干部
半翅目	盾蚧科	柳蛎盾蚧	*Lepidosaphes salicina* Borchs	榆树、洋白蜡、杨树	干部、枝梢部
半翅目	盾蚧科	桑白蚧	*Pseudaulacaspis pentagona* (Targioni Tozzetti)	桑树	干部、枝梢部

（续）

目	科	种	拉丁学名	寄主	分布
半翅目	盾蚧科	杨圆蚧	*Quadraspidiotus gigas* (Thiem et Gerneck)	刺槐、柳树	干部、枝梢部
半翅目	粉蚧科	柽柳粉蚧	*Pseudococcus* sp.	柽柳	枝梢部
半翅目	蚧科	东方盔甲蚧	*Parthenolecanium corni* (Bouche)	柳树、洋白蜡	枝梢部
半翅目	蚧科	日本龟蜡蚧	*Ceroplastes japonicas* Guaind	柳树	枝梢部、叶部
半翅目	蚧科	柳树绵蜡蚧	*Eupulvinaria salicicola* Borchaeniua	柳树	枝梢部
半翅目	蜡蝉科	斑衣蜡蝉	*Lycorma delicatula* (White)	臭椿、桑树	干部、枝梢部
半翅目	盲蝽科	柽柳褐胸盲蝽	*Adelphocoris* sp.	柽柳	叶部
半翅目	盲蝽科	柽柳小盲蝽	*Apolygus* sp.	柽柳	叶部
半翅目	盲蝽科	绿盲蝽	*Apolygus lucorμm* (Meyer-Dür.)	洋白蜡、刺槐、冬枣	叶部
半翅目	盲蝽科	三点盲蝽	*Adelphocoris fasciaticollis* Reuter	榆树	叶部
半翅目	绵蚜科	杨叶柄瘿绵蚜	*Pemphigus matsumurai* Monzen	杨树	叶部
半翅目	绵蚜科	白蜡树卷叶绵蚜	*Prociphilus fraxinifolii* (Riley)	洋白蜡	叶部
半翅目	绵蚜科	秋四脉绵蚜	*Tetraneura ulmi* (Linnaeus)	榆树	叶部
半翅目	网蝽科	柳膜肩网蝽	*Hegesidemus habras* Drake	柳树	叶部
半翅目	网蝽科	悬铃木方翅网蝽	*Platanus occidentalis* Linn.	悬铃木	叶部
半翅目	蚜科	花生蚜	*Aphis medicaginis* Koch	刺槐、国槐	叶部
半翅目	蚜科	白杨毛蚜	*Lipaphis erysimi* (Kalteback)	杨树	叶部
半翅目	蚜科	梨二叉蚜	*Schizaphis piricola* (Matsumura)	梨树	叶部
半翅目	蚜科	柳瘤大蚜	*Tuberolachnus salignus* (Gmelin)	柳树	叶部
半翅目	蚜科	柳蚜	*Aphis farinose* Gmelia	柳树	叶部
半翅目	蚜科	棉蚜	*Aphis gossypii* Glover	柽柳	叶部
半翅目	蚜科	苹果瘤蚜	*Myzus malisuctus* (Matsumura)	海棠	叶部
半翅目	蚜科	桃粉蚜	*Hyalopterus arundimis* Fabricius	杏树	叶部
半翅目	蚜科	绣线菊蚜	*Aphis citricola* Vander Goot	梨树、苹果树	叶部
半翅目	蚜科	榆长斑蚜	*Tinocallis saltans* (Nevsky)	榆树	叶部
半翅目	叶蝉科	柽柳小叶蝉	*Tamaricella fuscula* Cai	柽柳	叶部

（续）

目	科	种	拉丁学名	寄主	分布
半翅目	叶蝉科	柳叶蝉	*Cicadella* sp.	柳树	叶部
半翅目	叶蝉科	柽柳褐尾叶蝉	*Opsius stactogalus* Fieber	柽柳	叶部
半翅目	叶蝉科	榆叶蝉（塞绿叶蝉）	*Kyboasca sexevidens* Dlabola	榆树	叶部
半翅目	叶蝉科	假眼小绿叶蝉	*Empoasca vitis* (Gothe)	杨树	叶部
半翅目	缘蝽科	点蜂缘蝽	*Riptortus pedestris* (Fabricius)	刺槐	叶部
鳞翅目	麦蛾科	菜柽麦蛾	*Ornativalva plutelliformis* (Staudinger)	柽柳	叶部
鳞翅目	豹蠹蛾科	咖啡豹蠹蛾	*Zeuzera coffeae* Nietner	柳树、柽柳、杨树	叶部
鳞翅目	巢蛾科	榆棱巢蛾	*Bucculatrix* sp.	榆树	叶部
鳞翅目	尺蛾科	刺槐外斑尺蠖	*Ectropis excellens* Butler	刺槐	叶部
鳞翅目	尺蛾科	小艾尺蠖	*Ectropis obliqua* Prout	刺槐	叶部
鳞翅目	尺蛾科	折无缰青尺蛾	*Hemistola zimmermanni* (Hedemann)	柳树	叶部
鳞翅目	尺蛾科	小花尺蠖	*Eupithecia* sp.	柽柳	叶部
鳞翅目	尺蛾科	国槐尺蠖	*Semiothisa cmerearia* (Bremer et Grey)	国槐	叶部
鳞翅目	尺蛾科	大造桥虫	*Ascotis selenaria* Schiffermuller et Denis	刺槐、柽柳	叶部
鳞翅目	尺蛾科	桑褶翅尺蛾	*Zamacra excavata* Dyar	桑树、杨树、刺槐、白蜡、榆树、柳树	叶部
鳞翅目	尺蛾科	丝棉木金星尺蛾	*Calospilos suspecta* Warren	大叶黄杨	叶部
鳞翅目	尺蛾科	春尺蠖	*Apocheima cinerarius* Ershoff	杨树、榆树	叶部
鳞翅目	刺蛾科	扁刺蛾	*Thosea sinensis* (Walker)	刺槐、杨树、黄蜡	叶部
鳞翅目	刺蛾科	褐边绿刺蛾	*Latoia consocia* (Walker)	刺槐、榆树、杨树	叶部
鳞翅目	刺蛾科	黄刺蛾	*Cnidocampa flavescens* (Walker)	榆树、紫穗槐、柳树、刺槐、冬枣	叶部
鳞翅目	刺蛾科	双齿绿刺蛾	*Latoia hilarata* Staudinger	洋白蜡、柳树、黄蜡	叶部
鳞翅目	灯蛾科	黄臀灯蛾	*Epatolomis caesarea* (Goeze)	不详	叶部
鳞翅目	灯蛾科	美国白蛾	*Hyphantria cunea* (Drury)	洋白蜡、榆树、柳树、杨树	叶部
鳞翅目	毒蛾科	杨雪毒蛾	*Stilpnotia candida* Staudinger	柳树	叶部
鳞翅目	毒蛾科	古毒蛾	*Orgyia antiqua* (Linnaeus)	柳树	叶部
鳞翅目	毒蛾科	盗毒蛾	*Porthesia similis* (Fueazly)	杏树、刺槐、柳树	叶部

（续）

目	科	种	拉丁学名	寄主	分布
鳞翅目	毒蛾科	柳雪毒蛾	*Stilprotia salicis* (Linnaeus)	杨树	叶部
鳞翅目	蛱蝶科	大红蛱蝶	*Vanessa indica* Herbst	榆树	叶部
鳞翅目	蛱蝶科	柳紫闪蛱蝶	*Apatura ilia* (Denis et Schiffermüller)	柳树	叶部
鳞翅目	蛱蝶科	白钩蛱蝶	*Polygonia calbum* Linnaeus	榆树	叶部
鳞翅目	卷蛾科	长褐卷蛾	*Pandemis emptycta* (Meyrick)	洋白蜡	叶部
鳞翅目	卷蛾科	黄斑卷叶蛾	*Acleris fimbriana* Thunberg	杏树、榆树	叶部
鳞翅目	卷蛾科	梨小食心虫	*Grapholitha molesta* (Busck)	冬枣	种实
鳞翅目	卷蛾科	弯月小卷蛾	*Saliciphaga archris* Butler	柳树	叶部
鳞翅目	卷蛾科	棉褐带卷蛾	*Hornona coffearia* (Meyrick)	国槐、刺槐	叶部
鳞翅目	卷蛾科	杨柳小卷蛾	*Gypsonoma minutana* Hübner	柳树、杨树	叶部
鳞翅目	卷蛾科	金叶女贞卷叶蛾	*Eupoecilia ambiguella* Hübner	金叶女贞	叶部
鳞翅目	卷蛾科	榆白长翅卷蛾	*Acleris ulmicola* Meyrick	榆树	叶部
鳞翅目	卷蛾科	枣镰翅小卷蛾	*Ancylis sativa* Liu	冬枣	叶部
鳞翅目	卷蛾科	芽白小卷蛾（顶梢卷叶蛾）	*Spilonota lechriaspis* Meyrick	苹果	叶部
鳞翅目	枯叶蛾科	杨枯叶蛾	*Gastropacha populifolia* Esper	杨树、柳树	叶部
鳞翅目	螟蛾科	大豆网丛螟	*Teliphasa elegans*（Butler）	榆树、刺槐	叶部
鳞翅目	螟蛾科	柳阴翅斑螟	*Sciota adelphella* Fischer	柳树	叶部
鳞翅目	螟蛾科	细条纹野螟	*Tabidia strigiferalis* Hampson	杨树	叶部
鳞翅目	螟蛾科	小瘿斑螟	*Pempelia ellenella* Roesler	榆树	叶部
鳞翅目	螟蛾科	柽柳斑螟	*Ephestia* sp.	柽柳	叶部
鳞翅目	螟蛾科	白蜡绢野螟	*Palpita nigropunctalis* (Bremer)	洋白蜡	叶部
鳞翅目	螟蛾科	豆荚斑螟	*Etiella zinckenella* (Trietschke)	刺槐	种实
鳞翅目	螟蛾科	瓜绢野螟	*Diaphania indica* (Saunders)	大叶黄杨	叶部
鳞翅目	螟蛾科	红云翅斑螟	*Salebria semirubela* (Scpoli)	柳树	叶部
鳞翅目	螟蛾科	黄翅缀叶野螟	*Botyodes diniasalis* Walker	柳树、杨树	叶部
鳞翅目	螟蛾科	豆荚野螟	*Maruca testulalis* Geyer	刺槐	种实

（续）

目	科	种	拉丁学名	寄主	分布
鳞翅目	螟蛾科	棉卷叶野螟	*Sylepta derogat α* Fabricius	木槿	叶部
鳞翅目	螟蛾科	四斑绢野螟	*Diaphania quadrimaculalis* (Bremer et Grey)	柳树	叶部
鳞翅目	螟蛾科	桃蛀螟	*Conogethes punctiferalis* (Guenée)	杏树、桃树	叶部
鳞翅目	木蠹蛾科	小线角木蠹蛾	*Holcocerus insularis* Staudinger	洋白蜡	干部
鳞翅目	潜蛾科	旋纹潜叶蛾	*Leucoptera scitella* Zeller	杨树	叶部
鳞翅目	潜蛾科	杨黄斑潜叶蛾	*Phyllocnistis* sp.	杨树	叶部
鳞翅目	潜蛾科	银纹潜蛾	*Lyonetia prunifoliella* Hübner	苹果	叶部
鳞翅目	潜蛾科	桃潜叶蛾	*Lyonetia clerkella* L.	桃树	叶部
鳞翅目	蓑蛾科	小蓑蛾	*Cryptothelea minuscala* Butler	刺槐、杨树	叶部
鳞翅目	蓑蛾科	洋槐蓑蛾	*Eurukuttarus nigriplaga* Wilenman	刺槐	叶部
鳞翅目	天蚕蛾科	绿尾大蚕蛾	*Actias selene ningpoana* Felder	苹果	叶部
鳞翅目	天蛾科	豆天蛾	*Clanis bilineata* (Mel)	刺槐	叶部
鳞翅目	天蛾科	蓝目天蛾	*Smerinthus planusplanus* Walker	柳树	叶部
鳞翅目	天蛾科	霜天蛾	*Psilogramma menephron* （Gramer.）	洋白蜡	叶部
鳞翅目	透翅蛾科	白杨透翅蛾	*Parathrene tabaniformis* (Rottenberg)	杨树	枝梢部
鳞翅目	细蛾科	点缘榆细蛾	*Phyllonorycter* sp.	榆树	叶部
鳞翅目	细蛾科	白杨小潜细蛾	*Phyllonorycter populiella* (Zeller)	柳树、杨树、旱柳	叶部
鳞翅目	细蛾科	刺槐突瓣细蛾	*Chrysaster ostensackenella* (Fitch)	刺槐	叶部
鳞翅目	细蛾科	柳丽细蛾	*Calloptilia chrysolampra* （Meyrick）	柳树	叶部
鳞翅目	细蛾科	金纹细蛾	*Lithocolletis ringoniella* Mats.	苹果	叶部
鳞翅目	夜蛾科	粉缘金刚钻	*Earias pudicana* Staudinger	柳树	叶部
鳞翅目	夜蛾科	齿美冬夜蛾	*Cirrhia tunicata* （Graeser）	柳树	叶部
鳞翅目	夜蛾科	果剑纹夜蛾	*Acronicta strigosa* Schiffermüller	榆树	叶部
鳞翅目	夜蛾科	梨剑纹夜蛾	*Acronicta rumicis* Linn.	柽柳、榆树、洋白蜡、杨树	叶部
鳞翅目	夜蛾科	棉铃虫	*Helicoverpa armigera* Hübner	柳树、刺槐、榆树、洋白蜡、柽柳	叶部
鳞翅目	夜蛾科	桃剑纹夜蛾	*Acronicta incretata* Hampson	榆树	叶部

（续）

目	科	种	拉丁学名	寄主	分布
鳞翅目	夜蛾科	贪夜蛾	*Spodoptera exigua* Hübner	柽柳	叶部
鳞翅目	夜蛾科	旋皮夜蛾	*Eligma narcissus* (Cramer)	不详	叶部
鳞翅目	夜蛾科	一点金刚钻	*Earias pudicana pupillana* Stauding	柳树、柳树	叶部
鳞翅目	夜蛾科	小地老虎	*Agrotis ypsilon* Rottemberg	地下害虫	根部、叶部
鳞翅目	夜蛾科	庸肖毛翅夜蛾	*Thyas juno* (Dalman)	苹果、桃、梨、葡萄	叶部
鳞翅目	夜蛾科	八字地老虎	*Xestia c-nigrum* (Linnaeus)	柳树、杨树、榆树	根部
鳞翅目	羽蛾科	柽柳拟态虫（灰棕金羽蛾）	*Agdistis adactyla* Hübner	柽柳	叶部
鳞翅目	羽蛾科	国槐羽蛾	未知种	国槐	叶部
鳞翅目	展足蛾科	桃展足蛾	*Atrijuglans hetaohei* Yang	不详	不详
鳞翅目	舟蛾科	刺槐掌舟蛾	*Phalera grotei* (Moore)	刺槐	叶部
鳞翅目	舟蛾科	黑带二尾舟蛾	*Cerura felina* Butler	杨树	叶部
鳞翅目	舟蛾科	杨二尾舟蛾	*Cerura menciana* Moore	柳树、杨树	叶部
鳞翅目	舟蛾科	杨扇舟蛾	*Clostera anachoreta* (Fabricius)	杨树、柳树、旱柳	叶部
鳞翅目	舟蛾科	杨小舟蛾	*Micromelalopha sieversi* (Staudinger)	杨树	叶部
鳞翅目	祝蛾科	梅祝蛾	*Scythropiodes issikii* (Takahashi)	洋白蜡、冬枣	叶部
膜翅目	小蜂科	刺槐种子小蜂	*Bruchophagus ononis* (Mayr)	刺槐	种实
膜翅目	叶蜂科	柳卷叶叶蜂	未知种	柳树	叶部
膜翅目	叶蜂科	柳厚壁叶蜂	*Pontania bridgmannii* Cameron	柳树	叶部
膜翅目	叶蜂科	柳蜷叶蜂	*Amauronematus saliciphagus* Wu	柳树	叶部
膜翅目	叶蜂科	杨扁角叶蜂	*Stauronematus compressicornis* (Fabricius)	杨树、杨树	叶部
膜翅目	叶蜂科	榆三节叶蜂	*Aproceros leucopoda* Takeuchi	榆树	叶部
鞘翅目	叩甲科	沟金针虫	*Pleonomus canaliculatus* Fald	地下害虫	根部、叶部
鞘翅目	叶甲科	柽柳小叶甲	*Cryptocephalus* sp.	柽柳	叶部
鞘翅目	花金龟科	小青花金龟	*Oxycetonia jucunda* Faldermann	柽柳	花部
鞘翅目	吉丁甲科	六星吉丁	*Chrysobothris affinis* (Fabricius)	冬枣	干部
鞘翅目	丽金龟科	铜绿异丽金龟	*Anomala corpulenta* Motschulsky	地下害虫	根部、叶部

（续）

目	科	种	拉丁学名	寄主	分布
鞘翅目	丽金龟科	中华弧丽金龟	*Popillia quadriguttata* Fabr.	柽柳	种实、叶部
鞘翅目	丽金龟科	黄褐异丽金龟	*Anomala exoleta* Fald	刺槐	根部、叶部
鞘翅目	鳃金龟科	蓬莱姬黑金龟（台湾索鳃金龟）	*Sophrops formosana* (Moser)	刺槐	根部、叶部
鞘翅目	鳃金龟科	暗黑鳃金龟	*Holotrichia parallela* Motschulsky	杨柳榆等	根部、叶部
鞘翅目	鳃金龟科	华北大黑鳃金龟	*Holotrichia oblita* (Faldermann)	地下害虫	根部、叶部
鞘翅目	鳃金龟科	黑绒鳃金龟	*Serica orientalis* Motschulsky	刺槐、洋白蜡	根部、叶部
鞘翅目	鳃金龟科	小黄鳃金龟	*Metabolus flavescens* Brenske	地下害虫	根部、叶部
鞘翅目	鳃金龟科	鲜黄鳃金龟	*Metabolus impresifrons* Fairmaire	地下害虫	叶部、根部
鞘翅目	鳃金龟科	小阔胫码绢金龟	*Maladera vertricollis* Fairmaire	地下害虫	根部、叶部
鞘翅目	天牛科	槐星天牛	*Anoplophora lurida* (Pascoe)	刺槐	干部
鞘翅目	天牛科	光肩星天牛	*Anoplophora glabripennis* Motschulsky	柳树	干部
鞘翅目	天牛科	红缘亚天牛	*Asias holodendri* (Pallas)	榆树、国槐、冬枣	叶部、种实
鞘翅目	天牛科	酸枣虎天牛	*Chlytus hypocrita* Plavilstshikov	柽柳	干部、种实
鞘翅目	天牛科	星天牛	*Anoplophora chinensis* (Forster)	杨树、柳树	干部
鞘翅目	天牛科	云斑天牛	*Batocera horsfieldi* (Hope)	洋白蜡	干部
鞘翅目	天牛科	青杨楔天牛	*Saperda populnae* (Linn.)	杨树	枝梢部
鞘翅目	跳甲科	黄蜡跳甲	*Chaetocnema* sp.	洋白蜡、黄蜡	叶部
鞘翅目	跳甲科	柳沟胸跳叶甲	*Crepidodera pluta* (Latreille)	柳树	叶部
鞘翅目	犀金龟科	阔胸犀金龟	*Pentodon mongolicus* Motschulsky	地下害虫	根部、叶部
鞘翅目	象甲科	柽柳澳象	*Aulelobius* sp.	柽柳	花部
鞘翅目	象甲科	黄褐纤毛象	*Tanymecus urbanus* Gyllenhyl	杨树	叶部
鞘翅目	象甲科	隆脊绿象	*Chlorophanus lincolus* Motschulsky	柳树、柽柳、杨树	叶部
鞘翅目	象甲科	蒙古灰象甲	*Xylinophorus mongolicus* Faust.	柽柳、紫穗槐	叶部
鞘翅目	象甲科	波纹斜纹象	*Lepyrus japonicas* Roelofs	柳树、杨树	叶部
鞘翅目	象甲科	榆跳象	*Rhynchaenus alni* Linnaeus	榆树	叶部
鞘翅目	小蠹科	稠李梢小蠹	*Cryphalus padi* Krivolutskya	冬枣	叶部

（续）

目	科	种	拉丁学名	寄主	分布
鞘翅目	叶甲科	核桃扁叶甲	*Gastrolina depressa* Baly	榆树	叶部
鞘翅目	叶甲科	黄臀短柱叶甲	*Pachybrachys ochropygus* Solsky	柳树	叶部
鞘翅目	叶甲科	柳蓝圆叶甲	*Plagiodera versicolora* (Laicharting)	柳树	叶部
鞘翅目	叶甲科	杨梢叶甲	*Parnops glasunowi* Jacodson	柳树、杨树	叶部
双翅目	潜蝇科	柳树潜叶蝇（杨柳植潜蝇）	*Liriomyza* sp.	柳树	叶部
双翅目	瘿蚊科	柽柳瘿蚊	*Psectrosema* sp.	柽柳	叶部
双翅目	瘿蚊科	刺槐叶瘿蚊	*Obolodiplosis robiniae* (Haldemann)	刺槐	叶部
双翅目	瘿蚊科	柳瘿蚊	*Rhabdophaga salicis* Schrank	柳树	枝梢部
双翅目	瘿蚊科	枣瘿蚊	*Contaria* sp.	冬枣	叶部
直翅目	蝼蛄科	东方蝼蛄	*Gryllotalpa orientalis* Burmeister	地下害虫	根部
直翅目	蝼蛄科	华北蝼蛄	*Gryllotalpa unispina* Saussure	地下害虫	根部

（二）其他昆虫

采集到其他昆虫约 100 余种，正在统计鉴定中。

（三）植物病害

共调查采集到植物病害标本 26 种(表 3-9)，包括柽柳病害 1 种，柳树病害 4 种，刺槐病害 3 种，国槐病害 1 种，金叶女贞病害 1 种，杨树病害 5 种，葡萄病害 3 种，桃树病害 1 种，洋白蜡病害 1 种，隐性病害 2 种。上述病害已完成标本制作。

（四）有害杂草

共调查到有害杂草 44 种，其中唇形科 1 种，车前科 1 种，豆科 4 种，禾本科 5 种，夹竹桃科 1 种，锦葵科 1 种，菊科 10 种，蓝雪科 1 种，藜科 4 种，蓼科 2 种，萝摩科 2 种，牻牛儿苗科 1 种，茜草科 1 种，忍冬科 1 种，伞形科 1 种，十字花科 1 种，苋科 2 种，香蒲科 2 种，紫草科 2 种，莎草科 1 种。名录见表 3-10。

（五）其他昆虫鉴定结果

共鉴定出其他昆虫 125 种，其中蜻蜓目 2 科 4 种，螳螂目 1 科 1 种，直翅目 4 科 10 种，半翅目 14 科 31 种，脉翅目 2 科 3 种，鞘翅目 15 科 34 种，双翅目 9 科 12 种，鳞翅目 9 科 26 种，膜翅目 4 科 4 种（表 3-11）。

表3-9　林业病害

病害	拉丁名	寄主	危害部位
冠瘿病	*Agrobacterium tumefacieus* (Smith et Towns.) Conn.	毛白杨、刺槐	干部、枝梢部
柽柳丛枝病	MLO	柽柳	枝梢部
刺槐白粉病	*Microsphaera pdygom* (DC.)	刺槐	叶部
刺槐丛枝病	MLO	刺槐	叶部、枝梢部
刺槐叶斑病	*Coniothyrium* sp.	刺槐	叶部
国槐叶斑病	*Macrophoma spophorae* Myake	国槐	叶部
金叶女贞褐斑病	*Corynespora jasminiicola* Meenu	金叶女贞	叶部
柳树褐斑病	*Phyllosti ctapopulina*	柳树	叶部
柳树溃疡病	*Dothiorella gregaria* Sacc.	柳树	干部、枝梢部
柳树锈病	*Melampsora ribesii-vminalis* Kleb	柳树	叶部
柳树枝枯病	*Cenangium populneum* (Pers.) Rehm	柳树	枝梢部
毛白杨锈病	*Melampsora magnusiana* Wagner	毛白杨	叶部
苹果斑点落叶病	*Alyernaria mali* Roberts	苹果	叶部
苹果花叶病毒病	*Apple mosaic vrius* (ApMV)	苹果	叶部
葡萄小褐斑病	*Cercospora roesleri* (Catt.) Sacc.	葡萄	叶部
葡萄霜霉病	*Plasmopara viticola* (Oomycetes)	葡萄	叶部
葡萄白腐病	*Charrinia diplodiella* (Speg.) Viala et Ravaz	葡萄	叶部
桃细菌性穿孔病	*Xanthomonas campestris* pv. *pruni* (Smith) Dye	桃树	叶部
杨半边花叶病毒病	Virus	杨树	叶部
杨角斑病	*Cercospora populina* Ell.	杨树	叶部
杨树腐烂病	*Valsa sordida* Nit.	杨树	干部
杨树溃疡病	*Botryosphaeria ribis*	杨树	干部、枝梢部
杨圆斑病	*Stagonosppra populi* (Cda.) Sacc.	杨树	叶部
洋白蜡丛枝病	MLO	洋白蜡	枝梢部
银杏叶斑病	*Pestalotia ginkgo* Hori	银杏	叶部
银杏叶枯病	*Alternaria alternata* (Fr.) Keissl	银杏	叶部

表 3-10　林业有害杂草种类

科	杂草种类	科	杂草种类
唇形科	夏至草	菊科	苍耳
车前科	车前草	菊科	一年蓬
豆科	野大豆	蓝雪科	补血草
豆科	胡枝子	藜科	碱蓬
豆科	草木樨	藜科	地肤
豆科	黄香草木樨	藜科	灰绿藜
禾本科	荻	藜科	藜
禾本科	白茅	蓼科	红蓼
禾本科	鹅观草	蓼科	酸模叶蓼
禾本科	芦苇	萝藦科	萝藦
禾本科	狗尾草	萝藦科	鹅绒藤
莎草科	莎草	牻牛儿苗科	牻牛儿苗
夹竹桃科	罗布麻	茜草科	茜草（红丝线）
锦葵科	野西瓜苗	忍冬科	接骨草
菊科	紫菀	伞形科	蛇床
菊科	大蓟	十字花科	北美独行菜
菊科	泥胡菜	苋科	腋花苋
菊科	乳苣	苋科	反枝苋
菊科	苣荬菜	香蒲科	小香蒲
菊科	蒙山莴苣	香蒲科	香蒲
菊科	小飞蓬	紫草科	附地菜
菊科	艾蒿	紫草科	砂引草

表 3-11　其他昆虫鉴定结果

目	科	种	拉丁学名
蜻蜓目	蜓科	碧伟蜓	*Anax parthenope julis* Brauer
	蜻科	黄蜻	*Pantala flavescens* (Fabricius)
	蜻科	黑丽翅蜻	*Rhyothemis fuliginosa* Selys
	蜓科	赤卒	*Crocothemis servillia* Drury
螳螂目	螳科	枯叶大刀螳	*Paratenodera aridifolia* (Stoll)
直翅目	锥头蝗科	短额负蝗	*Atractomorpha sinensis* I. Bolivar
	蝗科	中华稻蝗	*Oxya chinensis* Thunb.
	蝗科	中华蚱蜢	*Acrida cinerea* Thunb.
	蝗科	花胫绿纹蝗	*Aiolopus tamulus* Fabricius
	蝗科	黄胫小车蝗	*Gryllotalpa unispina* Saussure
	螽斯科	日本条螽	*Ducetia japonica* （Thunberg）
	螽斯科	长瓣草螽	*Conocephalus exemptus* (Walker)
	蟋蟀科	大扁头蟋	*Loxoblemmus doenitzi* Stein
	蟋蟀科	长瓣树蟋	*Oecanthus longicauda* Matsumura
	蟋蟀科	油葫芦	*Teleogryllus emma* (Ohmschi et Matsumura)
半翅目	菱蜡蝉科	白点冠脊菱蜡蝉	*Oecleopsis* sp.
	飞虱科	大斑飞虱	*Eulies speciosa* （Bohemen）
	飞虱科	灰飞虱	*Laodelphax striatellus* （Fallén）
	象蜡蝉科	博瑞象蜡蝉	*Raivuna patruelis* （Stål）
	叶蝉科	大青叶蝉	*Cicadella viridis* （Linn.）
	叶蝉科	桃一点叶蝉	*Singapora shinshana* (Matsumura)
	叶蝉科	新县长突叶蝉	*Batracomorphus xinxianensis* (Cai et Shen)
	黾蝽科	圆臀大黾蝽	*Aquarius paludum* (Fabricius)
	盲蝽科	北京异盲蝽	*Polymerus pekinensis* (Horváth)
	盲蝽科	条赤须盲蝽	*Trigonotylus coelestialium* （Kirkaldy）
	盲蝽科	小欧盲蝽	*Europiella artemisiae* (Becker)
	姬蝽科	华姬蝽	*Nabis sinoferus* Hsiao

（续）

目	科	种	拉丁学名
	花蝽科	微小花蝽	*Oriu minuius* Linnaeus
	长蝽科	大眼长蝽	*Geocoris pallidipennis* (Costa)
	长蝽科	红脊长蝽	*Tropidothoras elegans* (Distant)
	长蝽科	谷小长蝽	*Nysius ericae* (Schilling)
	红蝽科	地红蝽	*Pyrrhocoris sibiricus* Kuschakewitsch
	土蝽科	黑伊土蝽	*Aethus nigritus* (Fabricius)
	土蝽科	斑异盲蝽	*Polymerus unifasciatus* (Fabricius)
	土蝽科	圆阿土蝽	*Adomerus rotundus* (Hsiao)
	蝽科	横纹菜蝽	*Eurydema gebleri* Kolenati
半翅目	蚜科	萝藦蚜	*Aphis asclepradis* Fitch
	蚜科	禾缢管蚜	*Rhopalosiphum padi*（Linn.）
	蚜科	菊小长管蚜	*Macrosiphoniella sanborni* (Gillette)
	蚜科	藜蚜	*Hayhurstia atriplicis* (Linn.)
	蚜科	桃蚜	*Myzus persicae* (Sulzer)
	蚜科	胡萝卜微管蚜	*Semiaphis heraclei* (Takahashi)
	蚜科	莴苣指管蚜	*Uroleucon formosanum* (Takahashi)
	蚜科	红花指管蚜	*Uroleucon gobonis* (Matsumura)
	粉虱科	温室白粉虱	*Trialeurodes vaporariorum*（Westwood）
	粉虱科	烟粉虱	*Bemisia tabaci* (Gennadius)
	褐蛉科	全北褐蛉	*Hemerobius humuli* Linn.
脉翅目	草蛉科	大草蛉	*Chrysopa pallens* (Rambur)
	草蛉科	中华通草蛉	*Chrysoperla sinica* (Tjeder)
	虎甲科	云纹虎甲	*Cicindela ellisae* Motschulsky
	虎甲科	斜条虎甲	*Cylindera obliquefasciata* (M. Adams)
鞘翅目	虎甲科	麻步甲	*Carabus brandti* Faldermann
	虎甲科	后斑青步甲	*Chlaenius tosticalis* Motschulsky
	虎甲科	巨短胸步甲	*Amara gigantea* (Motschulsky)
	虎甲科	蠋步甲	*Dolichus halensis* (Schaller)

（续）

目	科	种	拉丁学名
鞘翅目	龙虱科	日本真龙虱	*Cybister japonicus* Sharp
	龙虱科	小雀斑龙虱	*Rhantus suturalis* (MacLeay)
	龙虱科	宽缝斑龙虱	*Hydaticus grammicus* (Germar)
	埋葬甲科	达乌里负葬甲	*Nicrophorus dauricus* Motschulsky
	隐翅甲科	曲毛瘤隐翅虫	*Ochthephilum densipenne* (Sharp)
	金龟科	锈红金龟	*Ochodaeus ferrugineus* Eschscholtz
	花金龟科	白星花金龟	*Protaetia brevitarsis* (Lewis)
	沼甲科	日本沼甲	*Scirtes japonicus* Kiesenwetter
	长泥甲科	长泥甲	*Heterocerus* sp.
	花萤科	红毛花萤	*Cantharis rufa* Linn.
	萤科	窗胸萤	*Pyrocoelia pectorallis* E. Olivier
	皮蠹科	花斑皮蠹	*Trogoderma variabile* Ballion
	露尾甲科	四斑露尾甲	*Glischrochilus japonicus* (Motschuluky)
	瓢甲科	红点唇瓢虫	*Chilocorus kuwanae* Silvestri
	瓢甲科	深点刻食螨瓢虫	*Stethorus punctillum* Weise
	瓢甲科	龟纹瓢虫	*Propylea japonica*（Thunberg）
	瓢甲科	十三星瓢虫	*Hippodamia tredecimpunctata* (L.)
	瓢甲科	多异瓢虫	*Hippodamia variegata* (Goeze)
	瓢甲科	红点唇瓢虫	*Chilocorus kuwannae* Silvestri
	瓢甲科	展缘异点瓢虫	*Anisosticta kobensis* Lewis
	瓢甲科	七星瓢虫	*Coccinella septempunctata* Linn.
	瓢甲科	异色瓢虫	*Harmonia axyridis* (Pallas)
	瓢甲科	十二斑菌食瓢虫	*Vibidia duodecimguttata* (Poda)
	瓢甲科	马铃薯二十八性瓢虫	*Henosepilachna vigintioctomaculata*（Motschulsky）
	豆象科	紫穗槐豆象	*Acanthoscelides pallidipennis* (Motschulsky)
	叶甲科	甘薯肖叶甲	*Colasposoma dauricum* Mannerheim
	叶甲科	中华萝藦叶甲	*Chrysochus chinensis* Baly
	叶甲科	梨光叶甲	*Smaragdina semiaurantiaca* (Fairmaire)

（续）

目	科	种	拉丁学名
双翅目	毛蚊科	红腹毛蚊	*Bibio rufiventris* (Duda)
	蚊科	淡色库蚊	*Culex pipiens* Linn.
	食蚜蝇科	大灰食蚜蝇	*Eupeodes corollae* (Fabricius)
	食蚜蝇科	黑带食蚜蝇	*Episyrphus balteata* (De Geer)
	食蚜蝇科	长尾管蚜蝇	*Erisalis tenax* (Linn.)
	食蚜蝇科	黑色斑眼食蚜蝇	*Erisalis aeneus* (Scopoli)
	潜蝇科	美洲斑潜蝇	*Liriomyza sativae* Blanchard
	丽蝇科	大头金蝇	*Chrysomyia megacephala* (Fabricius)
	蝇科	家蝇	*Musca domestica* Linn.
	寄蝇科	灰腹狭颊寄蝇	*Carcelia rasa* (Macquart)
	菜蛾科	小菜蛾	*Plutella xylostella* (Linn.)
	麦蛾科	甘薯麦蛾	*Helcystogramma triannulella* (Herrich-Schäffer)
鳞翅目	卷蛾科	麻小食心虫	*Grapholita delineana* (Walker)
	尺蛾科	紫线尺蛾	*Timandra recompta* (Prout)
	尺蛾科	萝藦艳青尺蛾	*Agathia carissima* Bulter
	尺蛾科	灰蝶尺蛾	*Narraga fasciolaria* (Hufnagel)
	螟蛾科	白点暗野螟	*Bradina atopalis* (Walker)
	螟蛾科	稻纵卷叶螟	*Cnapha locrocismedinalis* Guenee
	螟蛾科	金黄螟	*Pyralis regalis* Denis et Schiffermüller
	螟蛾科	白缘苇野螟	*Sclerocona acutella* (Eversmann)
	螟蛾科	麦牧野螟	*Nomophila noctuella* (Denis et Schiffermüller)
	螟蛾科	黄纹髓草螟	*Calamotropha paludella* (Hübner)
	舟蛾科	角翅舟蛾	*Gonoclostera timoniorum* (Bremer)
	天蛾科	八字白眉天蛾	*Hyles lineata livornica* (Esper)
	天蛾科	甘薯天蛾	*Agrius convolvuli* (Linn.)
	夜蛾科	苣冬夜蛾	*Cucullia fraterna* Butler
	夜蛾科	银纹夜蛾	*Ctenoplusia agnata* (Staudinger)
	夜蛾科	斜纹夜蛾	*Spodoptera litura* (Fabricius)

（续）

目	科	种	拉丁学名
鳞翅目	夜蛾科	白斑孔夜蛾	*Corgatha costimacula* (Staudinger)
	夜蛾科	窄肾长须夜蛾	*Herminia stramentacealis* Bremer
	夜蛾科	宽胫夜蛾	*Schinia scutosa* (Goeze)
	夜蛾科	乏夜蛾	*Niphonyx segregata* (Butler)
	夜蛾科	陌夜蛾	*Trachae atriplicis* (Linn.)
	夜蛾科	旋幽夜蛾	*Hadula trifolii* (Hufnagel)
	灰蝶科	豆灰蝶	*Plebejus argus* Linnaeus
	粉蝶科	云粉蝶	*Pontia edusa* (Fabricius)
	粉蝶科	菜粉蝶	*Pieris rapae* Linn.
	弄蝶科	直纹稻弄蝶	*Parnara guttata* (Bremer et Grey)
膜翅目	姬蜂科	地老虎细颚姬蜂	*Enicospilus tournieri* (Vollenhoven)
	青蜂科	上海青蜂	*Chrysis shanghalensis* Smith
	细蜂科	刺槐叶瘿蚊广腹细蜂	*Platygaster robiniae* Buhl et Duso
	胡蜂科	马蜂	*Polistes rothneyi* Cameron

四、小结

2016 年，自然保护区管理局与青岛农业大学合作完成了黄河三角洲自然保护区的林业有害生物调查任务，已提交工作总结，标本已制作完毕。此外，共在自然保护区调查鉴定出昆虫 325 种，但目前还有许多种类仍在鉴定中。存在的主要困难是资料不足，可能会导致大量昆虫无法鉴定到种。

第三章

大型底栖动物调查

一、研究背景与研究内容

（一）研究背景

1994 年，根据历史文献和实地踏查，自然保护区开展过底栖动物调查，录入在自然保护区综合科学考察集中。经过 20 余年的发展变化，尤其是由于渤海污染及过度开发利用的影响，底栖动物种类、数量与分布会受到很大的影响，近几年自然保护区管理局开展了严格的保护管理，对退化湿地开展了生态修复，自然保护区内生物多样性得到极大发展，湿地生态系统功能日趋完善。

大型底栖动物是湿地和海洋生态系统中重要的生物组份，在食物网的能量和物质循环中发挥重要作用，是滨海湿地鸟类尤其是珍稀濒危鸟类的主要食物来源。其生物多样性周期变化也能够客观地反映海洋环境的特点和环境质量状况，是生态系统健康的重要指示类群，常被用于监测人类活动或自然因素引起的长周期海洋生态系统变化。目前对自然保护区内大型底栖动物现状并没有完全掌握，物种数、生物量和丰度等时空分布情况也不甚清楚，急需进行补充和调查，以完善自然保护区底栖动物研究方面的不足。

（二）研究内容

1. 历史数据的整理分析

整理和分析上述区域历次调查中获得的底栖动物调查原始资料数据，结合国内外有关潮间带、近海底栖动物研究论文、专著等成果，分析大型底栖动物群落结构的变化规律，绘制底栖动物群落数量和生态学指标的分布和时空变化特征图。

2. 大型底栖动物群落物种多样性现状调查

在自然保护区内，进行湿地、潮间带、近海（-3m 以内浅水域）底栖动物考察和样品收集。样品收集方法以定量采泥、定量和定性拖网为主。对收集的底栖动物样品进行物种鉴定和统计分析，获取群落结构的基础性数据，如物种组成、生物量、丰度、多样性指数。建立该潮间带区域底栖动物物种数据库。

上述基础性生物样品和数据的不断累积，将为自然保护区大型底栖动物研究及相关领域的进一步发展做好重要铺垫和成果展示。

二、调查方案

（一）调查方法和技术指标

主要依据国标 GB/T 12763.6—2007《海洋调查规范第 6 部分：海洋生物调查》中的潮间带和近海生物调查部分规定。湿地采用柱状取样器，每个样点取 3~5 个柱状样，分开保存。潮间带采用 0.1m² 样方取样，每个点取 2 个样方，取样深度 30cm，并同时在潮间带进行定性取样，分开保存。近岸浅水采用阿氏底拖网进行定性和定量拖网，利用 GPS 记录起始拖网位点，利用扫海面积法计算大型底栖动物的生物量和丰度。

（二）断面和站位的设置

调查区域包括湿地、典型潮间带、近海（-3m 以内浅水域），其中湿地和潮间带选取具代表性、滩面底质类型相对均匀、潮带完整、人为扰动较小且相对稳定的断面进行。潮间带设置调查断面数目 11 条（图 3-23）。每条断面在高潮区、中潮区和低潮区设置 3 个采样点，每个采样点使用 0.1m² 取样框取样两次，即每个断面取样次数为 6 个，取样深度为 30cm。断面及采样站位置以 GPS 定位，走向与海岸垂直。

潮间带调查范围如下：保护区范围内南至小岛河。新河口至 121 区 1 条、121 区至 70 井 1 条、70 井至 96 年河道 1 条、96 河道至大汶流沟 2 条、大汶流沟至小岛河 1 条。北部一千二管理站区域至少 2 条断面。内陆在大汶流五万亩、十万亩，黄河口三万亩、一千二恢复区做 4~5 个样点即可。

湿地取样拟依托中科院 STS 项目黄河三角洲河口生境修复示范区内进行，设置 2~3 个采样点。

近海调查掌握面和点的结合，"面"考虑能代表自然保护区 -3m 以内浅海域大型底栖动物群落特征；"点"考虑不同类型人类活动的影响，主要为近海筏式养殖、点源排污。采用阿氏拖网进行，拖网点与潮间带断面对应，每次拖网要求船速不大于 3 节，拖网时间 30 分钟。

具体采样站位及经纬度见图 3-23 和表 3-12。

图 3-23　黄河三角洲国家级自然保护区大型底栖动物多样性调查站位

表 3-12　黄河三角洲国家级自然保护区大型底栖动物多样性调查站位经纬度

区域	站位	纬度	纬度小数点形式（°）	经度	经度小数点形式（°）
	C1-1	37°39′05.61″	37.65155833	119°00′15.07″	119.0041861
	C1-2	37°38′03.60″	37.63433333	119°01′50.38″	119.0306611
	C1-3	37°37′13.76″	37.62048889	119°02′48.97″	119.0469361
	C2-1	37°42′17.82″	37.70495	119°05′13.66″	119.0871278
	C2-2	37°40′03.32″	37.66758889	119°06′26.96″	119.1074889
	C2-3	37°37′41.45″	37.62818056	119°07′35.26″	119.1264611
	C3-1	37°42′38.69″	37.71074722	119°09′26.03″	119.1572306
	C3-2	37°40′15.34″	37.67092778	119°10′15.43″	119.1709528
	C3-3	37°37′43.60″	37.62877778	119°11′02.21″	119.1839472
	C4-1	37°41′53.89″	37.69830278	119°14′05.53″	119.2348694
	C4-2	37°40′09.22″	37.66922778	119°15′44.61″	119.2623917
	C4-3	37°38′18.20″	37.63838889	119°17′21.25″	119.2892361
	C5-1	37°42′05.67″	37.701575	119°15′14.37″	119.2539917
	C5-2	37°42′10.24″	37.70284444	119°16′36.83″	119.2768972
潮间带定量和	C5-3	37°42′11.83″	37.70328611	119°18′02.87″	119.3007972
定性采样	C6-1	37°43′11.17″	37.71976944	119°13′34.66″	119.2262944
	C6-2	37°44′00.67″	37.73351944	119°14′57.92″	119.2494222
	C6-3	37°44′47.74″	37.74659444	119°16′26.97″	119.2741583
	C7-1	37°46′39.98″	37.77777222	119°12′16.19″	119.2044972
	C7-2	37°47′32.15″	37.79226389	119°12′21.33″	119.205925
	C7-3	37°48′25.92″	37.8072	119°12′27.55″	119.2076528
	C8-1	37°46′21.81″	37.772725	119°09′26.75″	119.1574306
	C8-2	37°47′21.26″	37.78923889	119°09′41.94″	119.16165
	C8-3	37°48′24.24″	37.80673333	119°09′55.22″	119.1653389
	C9-1	37°49′03.31″	37.81758611	119°04′47.34″	119.0798167
	C9-2	37°49′48.90″	37.83025	119°05′54.84″	119.0985667
	C9-3	37°50′37.42″	37.84372778	119°07′11.05″	119.1197361
	C10-1	38°04′28.08″	38.07446667	118°45′30.08″	118.7583556
	C10-2	38°05′53.59″	38.09821944	118°45′45.12″	118.7625333
	C10-3	38°07′14.19″	38.12060833	118°45′58.30″	118.7661944

（续）

区域	站位	纬度	纬度小数点形式（°）	经度	经度小数点形式（°）
潮间带定量和定性采样	C11-1	38° 05′ 48.88″	38.09691111	118° 39′ 34.91″	118.6596972
	C11-2	38° 06′ 42.44″	38.11178889	118° 39′ 05.19″	118.6514417
	C11-3	38° 07′ 41.11″	38.12808611	118° 38′ 28.66″	118.6412944
浅海 -3m 以浅海域阿氏拖网定性和定量调查	T1	37° 34′ 34.00″	37.57611111	119° 05′ 21.63″	119.0893417
	T2	37° 34′ 53.62″	37.58156111	119° 09′ 01.84″	119.1505111
	T3	37° 36′ 48.38″	37.61343889	119° 11′ 21.12″	119.1892
	T4	37° 37′ 31.57″	37.62543611	119° 17′ 57.68″	119.2993556
	T5	37° 42′ 13.88″	37.70385556	119° 18′ 45.96″	119.3127667
	T6	37° 44′ 37.81″	37.74383611	119° 17′ 43.04″	119.2952889
	T7	37° 49′ 52.49″	37.83124722	119° 12′ 36.47″	119.2101306
	T8	37° 49′ 56.27″	37.83229722	119° 10′ 19.55″	119.1720972
	T9	37° 52′ 09.10″	37.86919444	119° 09′ 08.97″	119.1524917
	T10	38° 13′ 57.04″	38.23251111	118° 48′ 11.99″	118.8033306
	T11	38° 13′ 35.55″	38.22654167	118° 36′ 10.13″	118.6028139
湿地	有植被	修复工程示范区内			
	无植被	修复工程示范区内			

（三）调查时间、频次和样品采集

2016 年 8 月：湿地、潮间带和 -3m 以内浅海域调查。

2016 年 11 月：潮间带和 -3m 以内浅海域调查。

（四）进展情况

2016 年 8 月 12 号夏季调查，调查内容包括潮间带采样和 -3m 以内浅水域阿氏拖网，历时 9 天，共调查了包括潮间带 33 个站位和 -3m 以内浅水域 11 个站位，共 44 个站位，获取潮间带样品 40 瓶，浅海拖网样品 11 袋，样品全部带回实验室进行分类鉴定。

2016 年秋季调查，分别于 10 月 24 日和 11 月 16 日前往黄河口开展秋季调查工作。本次调查站位与 8 月调查站位一致，因为有上一次积累的调查经验，准备工作做得比较充分，使得这次的采样工作在大家的努力下顺利完成。获取潮间带样品 44 瓶，浅海样品 11 袋，样品全部带回实验室进行分类鉴定。

实验室已经完成了对夏季和秋季两个航次底栖动物样品的粗分工作，正在进行的是标本的分类、鉴定、称重和计数工作（图 3-24 至图 3-26）。

图 3-24　潮间带采集

图 3-25　浅海样品采集

图 3-26　样品粗分和鉴定

第四章

鱼类调查

——山东黄河三角洲国家级自然保护区肉食性鱼类控制方案

一、研究区情况

2016 年 3 月 2 日和 4 月 18 日开展了两次肉食性鱼类调查和制实验。

2016 年 3 月 2 日，自然保护区管理局科研处对大汶流管理站五万亩湿地恢复区内的渔业资源进行了调查，来分析自然保护区内鱼类资源状况，为自然保护区鸟类摄食和湿地生态多样性保护提供数据支撑。

此次鱼类调查主要集中在两个区域，上午调查五万亩闸门附近大水面内鱼类资源分布状况，下午调查小木屋西侧环沟内鱼类分布情况（图 3-27）。调查方法采用渔船电捕方式，上午在五万亩闸门附近捕获距离约 0.51km，调查宽度在 8~10m 之间，实际电捕覆盖面积大约为 9000m²；下午在小木屋西侧环沟内捕获距离约 0.56km，环沟宽度在 3~5m 之间，实际电捕覆盖面积大约为 11600m²。

图 3-27 2016 年 3 月自然保护区渔业资源调查区域

二、渔获物种类分析

此次调查共采集鱼类 7 种，为乌鳢（黑鱼）、鲫鱼、鲤鱼、鲶鱼、白鲢、赤眼鳟、翘嘴红鲌。渔获物总重量 135.00kg。肉食性鱼类 105.35kg，占全部渔获物总重量的 78.04%。

上午在五万亩闸门附近捕获 38.95kg，资源密度为 4.33g/m²，主要鱼类有乌鳢、鲶鱼、鲫鱼和翘嘴红鲌，其中乌鳢占比 91.22%，其次为鲤鱼 3.80 %、鲶鱼 2.59%、翘嘴红鲌 1.26%、鲫鱼 1.13%（图 3-28）。肉食性鱼类 36.54kg，占 27.07%。

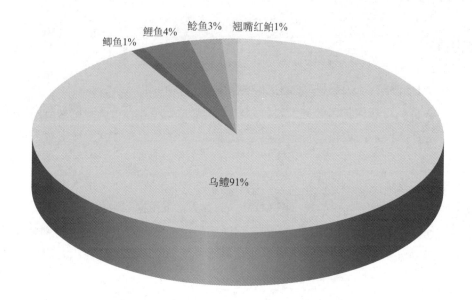

图 3-28　在五万亩闸门附近渔获物种类

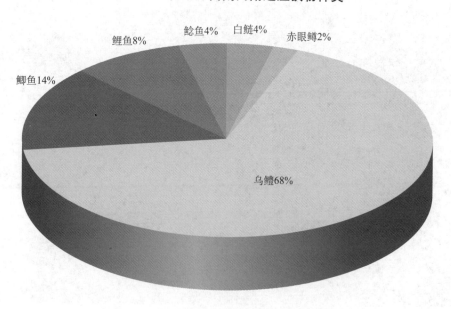

图 3-29　在小木屋西侧环沟内渔获物种类

下午小木屋西侧环沟内捕获 96.05kg，资源密度为 8.28g/m²，主要鱼类有乌鳢、鲫鱼、鲤鱼、鲶鱼、白鲢、赤眼鳟，其中乌鳢占比 67.80 %、鲫鱼 14.32%、鲤鱼 8.62 %、鲶鱼 3.84%、白鲢 3.63%、赤眼鳟 1.79%（图 3-29）。肉食性鱼类 68.81kg，占 53.07%。

三、渔获物群落结构分析

本次渔获物调查群落结构分析表明，肉食性鱼类 105.35kg，占 78.04%。其中乌鳢为绝对优势种，共有 80 尾，重量为 100.65kg。个体重集中在 1.0～2.0kg 之间，体长范围集中在 40～50cm，最大个体为 3.70kg，体长 73cm。

在五万亩闸门附近捕获乌鳢共 20 尾，重量为 35.53kg，体长与体重关系式为 $y=0.00006x^{2.5563}$。（R^2=0.93692）（图 3-30）。捕获鲤鱼 2 尾，平均体重 0.74kg。

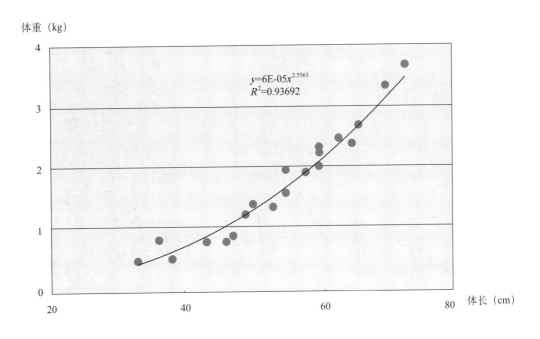

图 3-30　乌鳢体长与体重关系（在五万亩闸门附近）

在小木屋西侧环沟内捕获乌鳢 61 尾，总重量为 100.65kg，体长与体重关系式为 $y=0.00004x^{2.6076}$（R^2=0.93692）（图 3-31）。捕获鲫鱼 42 尾，平均体重 13.75kg。

通过对比发现，五万亩闸门附近大水面内的乌鳢比小木屋西侧环沟内的乌鳢肥，这与两处调查地点内鱼类食物的丰富度有关。五万亩闸门内水面开阔，幼虫、仔鱼、小虾等食物丰富，乌鳢长势较好，要优于小木屋西侧环沟。受捕获方法限制，渔获的鱼类种类相对较少，这也为日后改进湿地大水面鱼类的研究方法提供了借鉴。

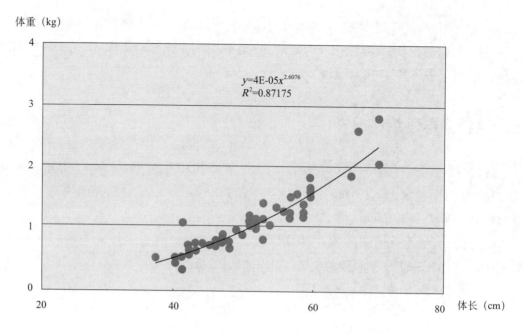

图 3-31 乌鳢体长与体重关系（在小木屋西侧环沟内）

四、管理建议

从生态群落上看，乌鳢属于凶猛的肉食性鱼类，处于湿地水域食物链的最高营养级，并且乌鳢属于产黏性卵的鱼类，可以在湿地环境中大量繁殖。由于乌鳢大量捕食湿地内小型鱼类，控制了其他中、上层鱼类种群的发展，从而与鸟类构成食物竞争，影响了鸟类的摄食和栖息。为使鸟类，尤其是珍稀濒危鸟类有充足的食物，大多鸟类以中、小型表层鱼类为食，要将肉食性鱼类控制在一个合理的比例。建议在枯水期采用渔船沿环沟电捕方式，对长年在深水区的乌鳢、鲇等食物链顶端鱼类种群进行限制。

将小型鱼类迅速称重后，待其自然苏醒后放生。

第四篇
植物调查

一、监测区域

监测区域属于温带半湿润陆性季风气候，气温适中，光照充足，四季分明，雨热同期（图 4-1）。通量塔位于中高潮滩附近地势平坦，植被群落组成简单且分布不均匀空间异质性较大，植物以盐地碱蓬 (*Suaeda salsa*) 为优势种，伴生有芦苇 (*Phragmites australis*)。低潮滩有入侵种互花米草 (*Spartina alterniflora*)，高潮滩主要植被为柽柳 (*Tamarix chinensis*)。盐地碱蓬为一年生草本植物，高 20～30cm，叶条形，半圆柱状，4 月为萌芽期，7 月开花，8～10 月为花果期，11 月衰落。

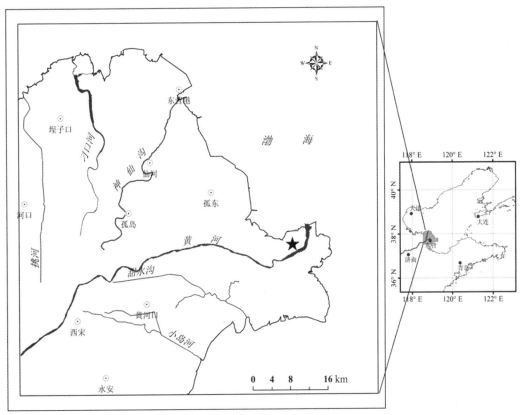

图 4-1　山东黄河三角洲国家级自然保护区潮间带湿地监测区域位置图

二、监测目的

采用统一、规范的调查方法，对潮间带植物群落的整体现状（包括群落类型及物种组成、高度、盖度、叶面积指数和生物量等）进行连续定位监测，掌握群落优势种的生态属性，分析群落与环境的相互关系，并对群落现状和发展趋势进行评估，为生物多样性利用和保护、土地利用状况的监测、生态系统管理等提供基础资料。

三、监测和数据处理方法

在植物生长季（每年的4～10月），每隔15天进行一次黄河口盐地碱蓬植被调查，调查包括植株的高度、盖度、株数、鲜重、干重、叶面积。在离盐地碱蓬湿地气象塔一定距离处，约与主风向垂直的盐地碱蓬样带上布设样点，潮间带在与潮沟垂直的样带上，约每隔10m取一个50cm×50cm样方，共计5个样方。测量平均株高，估算盖度后，采集完整植株，并把地上部分与地下部分剪断分开装入纸袋，每次取样样带较上一次平行移动即可。把收集的植物样品称鲜重后，放在105℃恒温烘箱内杀青1h，然后恒温在85℃烘干至恒重后称干重，单位取g/m²。

四、监测结果与分析

由图4-3可知，2015年碱蓬植被覆盖度较高，植物长势较好，同期2016年碱蓬植被覆盖度较低，呈零星分布，黄河口潮间带涡度塔附近"红地毯"景观几乎消失。对比2015年与2016年，碱蓬单位面积的干重差异明显，2015年碱蓬单位面积上干重的峰值为132.5g/m²，而2016年峰值仅为41.03g/m²（图4-2）。仅一年的时间碱蓬覆盖度从30%左右下降到5%左右，同时2016年碱蓬主要沿潮沟两侧分布，分布零散。

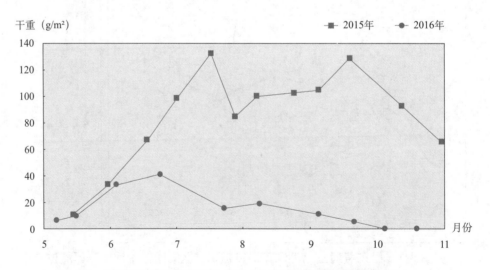

图4-2　黄河口潮间带2015年和2016年碱蓬干重对比图

图 4-3　黄河口潮间带 2015 年与 2016 年植被状况对比图

五、原因分析

由图 4-4 可知, 1990 年前后黄河三角洲区域在北侧五号桩附近引种互花米草, 在此后的 20 年间, 互花米草在该区域分布面积变化较小, 但是到了 2015 年, 黄河三角洲的互花米草分布面积已超过 32km², 遍布潮间带区域, 互花米草的扩展导致快速淤积提高了潮间带地形淤积部分小潮沟。地形抬升和潮沟淤积会减少潮汐浸没的淹没频率和淹水时长, 延长了中高潮滩的暴露时间, 影响植被的演替与群落的生长。

近 50 年来, 黄河三角洲年平均气温上升 1.9℃, 在该区域处于不断增温的大趋势下, 而 2016 年 1 月份和 2 月份的气温远低于 2015 年气温, 低于 30 年气温平均值 (图 4-5), 极端气温的发生抑制了植物的种子以及植株的萌发状况并推迟了碱蓬的物候期, 在萌发期较少的潮汐活动抑制了碱蓬的萌发量, 从而造成了 2016 年植被覆盖的骤然剧减。

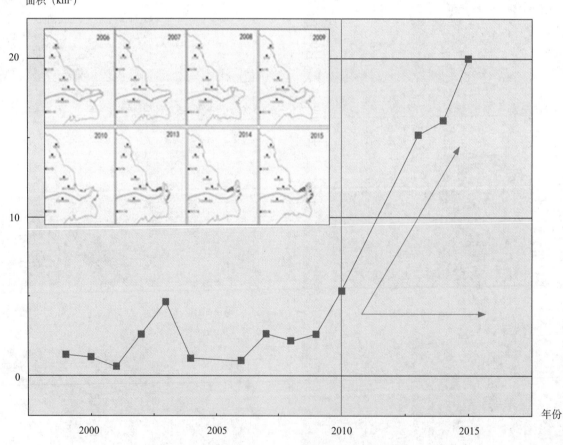

图 4-4　黄河口潮间带互花米草面积增长图

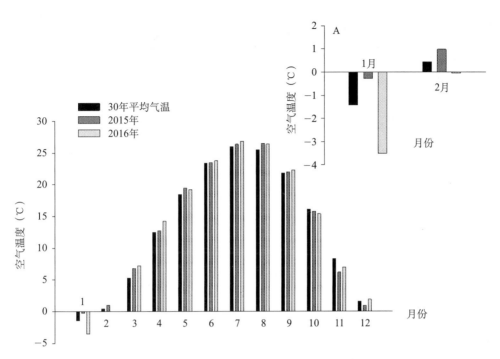

图 4-5　黄河三角洲 30 年平均气温与 2016 年和 2015 年气温对比图

第二章

互花米草在黄河三角洲滨海湿地的入侵机制、扩展动态及其防治措施研究

一、研究意义

互花米草（*Spartina alterniflora*）原产于美洲大西洋沿岸，耐盐和耐淹等特性使其成为保滩护岸、促淤造陆的先锋种。但也正是由于其对环境有极强的适应性和耐受能力，加上在新生境中能通过有性繁殖和无性繁殖两种方式来快速扩大种群的特点，其蔓延的速度超出人们的控制范围，目前在全球范围内（如欧、澳、美、亚洲等的许多国家和地区）的许多海滨环境有互花米草分布。

我国于 1979 年从美国引进互花米草，并先后在沿海多省滩涂成功引种。近年来，随着互花米草的负面效益日益显现，国内开始关注对其进行控制与管理方面的研究。2003 年 1 月，国家环境保护局和中国科学院联合公布了首批入侵我国的 16 种外来入侵种名单，互花米草作为唯一的海岸盐沼植物名列其中，该植物已成为我国沿海滩涂最主要的入侵植物。

黄河三角洲孤东采油区于 1990 年前后在北侧五号桩附近引种互花米草，随后便迅速生长蔓延，至 2015 年互花米草面积超过 3200hm²，已遍布黄河三角洲自然保护区潮间带区域。互花米草在黄河三角洲的无序扩张对盐沼生物多样性、鸟类栖息地质量等方面带来诸多负面影响。如何更好地发挥互花米草的正面作用，尽可能减少或规避潜在生态风险，成为管理中迫切需要解决的重要问题。

本研究旨在确定控制黄河三角洲潮间带互花米草的有效措施，保护盐沼植被生态系统健康，服务于黄河三角洲保护区的生态管理。通过野外调查、室内控制实验和野外控制实验，研究黄河三角洲互花米草生物学特性、入侵机制，比较不同的物理措施防治互花米草的效果，确定防治互花米草扩散的最优方案。

二、研究区域

研究区域为黄河三角洲区域内（内陆以渔洼为顶点，北部到挑河口，南部到小岛河口，东部到海岸），其中核心区域是黄河三角洲盐沼湿地（图 4-6）。2016 年主要在重点研究区域布设野外实验。

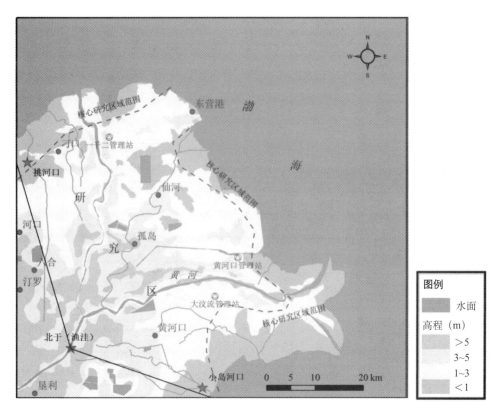

图 4-6　互花米草研究区域

三、主要研究进展和阶段性研究成果

（一）互花米草的生物学特性及入侵机制

1. 种子研究

2016 年 11 月中旬，在保护区内 121 油井岛南侧采集互花米草种子以及地下种子库，用于测定种子千粒重和种子水体漂浮能力等，以评估种子繁殖对互花米草入侵和扩散的贡献。

（1）种子千粒重

挑选了颗粒饱满的种子 50 粒 ×15 组，经测定，互花米草种子的千粒重为 5.17±0.05g（平均值 ± 标准误）。

（2）种子水体漂浮能力

用过滤后的海水与去离子水混合成不同盐分浓度的海水溶液：0、25%、50%、75%、100%（试验用海水的盐度为 3.9，相当于 672mmol/LNaCl）。在室温条件下，每天记录种子漂浮 / 沉降的数量，记录前先搅动水体，以模拟有风浪的自然情况。

在水体有扰动的情形下，两天后种子便沉降过半，一周后种子沉降比例超过 95%（图 4-7）。快速沉降使水体传播种子的距离受水文动力影响大，互花米草种子的沉降区域相对集中，入侵的有效性较强。另外，水体盐度对互花米草种子的漂浮能力没有显著影响。

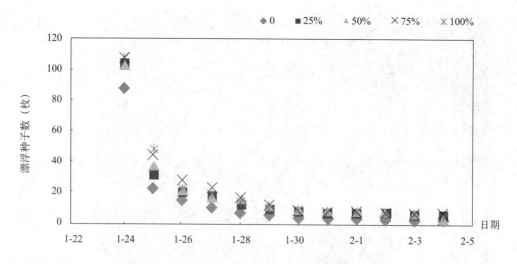

图 4-7　种子在不同盐度水体中的漂浮能力

2. 互花米草遗传多样性研究

（1）研究目的

互花米草的遗传分化和表型可塑性是其适应环境的策略，研究遗传多样性和遗传结构也有利于揭示其扩散路径和入侵机制。

（2）研究区和采样点

2016 年 9 月初在黄河三角洲选取 4 个典型的互花米草群体进行采样，4 个群体地理位置请见图 4-8，经纬度分别为：群体 1（118°33′57.36″E, 38°03′50.34″N；一千二）、群体 2（119°15′13.29″E,

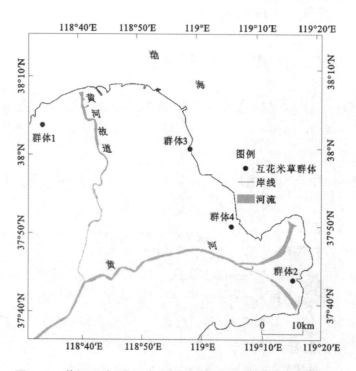

图 4-8　黄河三角洲 4 个互花米草群体采样地分布图

37°43′46.36″N；大汶流）、群体 3（118°58′42.9″E，38°00′27.72″N；五号桩）和群体 4（119°5′18.56″E，37°50′26.74″N；黄河口），样点按采样的顺序标号。从地理位置来看，这四个采样点近均匀地分布在黄河三角洲潮间带。每个群体采 40 个个体的新鲜叶片，个体间相互距离 30 米以上，共采集了 160 个样品。

（3）研究结果和分析

①遗传多样性和遗传变异。群体 1 的 Shannon 信息指数最低，遗传多样性低，而群体 2、3、4 的信息指数接近，遗传多样性较高（表 4-1）。这表明群体间总的遗传分化中等，12.05% 的遗传变异存在于群体间，而 87.95% 的变异存在于群体之内，总的遗传变异大部分来自于群体内。

表 4-1　四个群体遗传变异和杂合性统计

组别	Sample Size	Na*	Ne*	I*	Obs_Hom	Exp_Het*	Nei**	多态位点	多态百分数
1	79	4.692±1.888	2.715±0.994	1.095±0.387	0.764±0.100	0.591±0.154	0.584±0.152	13	100.0%
2	79	5.539±1.266	2.875±0.868	1.207±0.297	0.694±0.175	0.631±0.115	0.623±0.114	13	100.0%
3	80	5.308±1.545	2.975±0.937	1.214±0.310	0.598±0.190	0.642±0.107	0.634±0.106	13	100.0%
4	80	5.231±2.006	3.125±1.310	1.211±0.421	0.612±0.259	0.630±0.165	0.622±0.163	13	100.0%

注：*：5% 水平上显著；**：1% 水平上显著；Na：观察等位基因数；Ne：有效等位基因数；I：Shannon 信息指数；Hom：实际纯合度。

②聚类分析。根据遗传距离和 UPGMA 聚类分析，互花米草群体 2 和群体 3 遗传距离最近，而群体 4 和群体 2、群体 4 和群体 3 的遗传距离最远（图 4-9）。

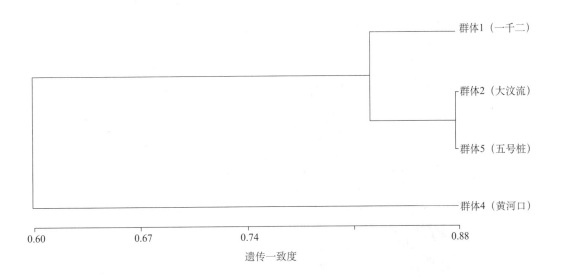

图 4-9　互花米草群体 UPGMA 聚类图（基于遗传一致度）

（4）研究结论

①黄河三角洲滨海湿地互花米草种群具有比较高的遗传多样性，推断种子繁殖是重要的繁殖方式。

②黄河三角洲滨海湿地互花米草属于近交群体，群体间遗传分化中等，12.05%的遗传变异存在于群体间，而87.95%的变异存在于群体之内，说明总遗传变异大部分来自于群体内。

③大汶流站互花米草和五号桩的遗传距离最近，可以推断大汶流站互花米草很可能是从五号桩扩散而来，而不是从地理位置比较近的黄河口站扩散而来。

（二）互花米草防治野外原位试验

1. 野外试验布设

油田121岛南面东侧的潮间带为2016年互花米草新入侵区域，互花米草基本呈岛状分布，少数连成片。2016年8月下旬，在该区域布设野外原位防治试验（图4-10）。从推广可行性出发，设计了农药、植物生长调节剂、刈割＋淹水、刈割＋翻耕等不同的防治措施，进行小区实验。每个月跟踪调查1～2次，并对小区进行必要的维护。

图4-10　布设野外防治试验

2. 野外防治试验初步结果

（1）刈割 + 淹水综合措施

方法：刈割地上植株，然后围堰淹水，使根系在淹水厌氧环境逐渐腐烂死掉。围堰上覆盖塑料布，以防止潮水冲坏围堰。8月下旬首次刈割地上植株，然后围堰淹水，一个月后有不同程度的新苗萌发，9月下旬进行第二次刈割，10月中旬调查时，不同小区仍有不同程度的新苗萌发，再次刈割，11月下旬基本无萌发（图4-11）。

小结：刈割 + 淹水有很好的控制效果，可行性也比较高。刈割后的新苗萌发情况与首次刈割留茬的高度紧密相关，留茬越低，后期萌发越少。下一年度试验中，紧贴地面刈割，保证地面不留茬；以防水土工布代替塑料布覆盖围堰；设置较大的示范区。根据文献介绍，刈割时间最好是在5月快速营养生长期，后续研究中将进一步优化刈割和淹水措施。

图 4-11　刈割 + 淹水控制试验

（2）刈割 + 翻耕综合措施

方法：10月中旬生长季结束后，刈割地上植株并移除，人工翻耕土壤，破坏根系，以抑制第二年的幼苗萌发（图4-12）。曾尝试用微耕机进行翻耕，由于滩涂泥泞，微耕机深陷其中而无法熄火，无法作业。

小结：由于潮间带泥泞，普通旋耕机无法用来翻耕互花米草，如果没有专门设计的机械，此方法不宜推广。下一步选取冬季严寒时，选取土壤结冰的区域，尝试机械翻耕，如果可行性低，后期实验中去除翻耕措施。

人工翻耕，根系留在原地

图 4-12　刈割后翻耕

3. 野外防治研究的初步结论

（1）刈割＋翻耕，可行性低，试验区域长期淹水，土壤泥泞，难以用机械翻耕。另外，翻耕时很难将根系清除到小区外面。

（2）刈割＋淹水，有较好的控制效果，可行性也比较高。新苗萌发情况与首次刈割留茬的高度紧密相关，留茬越低，萌发越少。

（三）互花米草防治室内培养试验

1. 室内防治培养试验设置

2016 年 12 月 7 日在黄河入海口南侧的 121 油井附近采集互花米草根系。选取密度和株高相近的区域，齐地剪去互花米草的地上部分，采集 20 组带土壤的根系样品（土方的长 × 宽 × 高 = 20cm×20cm×15cm），第二天将根系带回烟台实验室。

12 月 9 日，开始根系萌发的淹水控制培养试验，将 20 组原土根茬分别放在 20 个装有海水的桶中。试验设 4 个深度的淹水处理，淹水深度分别为 0cm、5cm、10cm 和 20cm，各处理均设 5 个重复，0 cm 水深为对照处理，有少许淹水以保持土壤水分饱和状态。最后将水桶放置于人工气候室（浙江求是人工环境有限公司），人工气候室的温度设为梯度变化（20～25℃），0:00 温度最低，12:00 温度最高，光照周期：8:00～22:00 为明期（光强约 5400lx）、22:00～8:00 为暗期。定期观察记录根系萌发情况，根据需要适时补水至设定水位，每隔 3 天更换桶内海水，海水取自于烟台并经过过滤。持续淹水 3 个月后，第二次刈割地上植株，然后继续淹水（图 4-13）。

更换海水时测定各桶内萌发的幼苗株数和株高，测株高时，在试验初期于每个桶中选择 3 株较高的米草，跟踪监测。第二次刈割后，称量地上生物量，试验结束后，清洗根系，称量地下生物量。

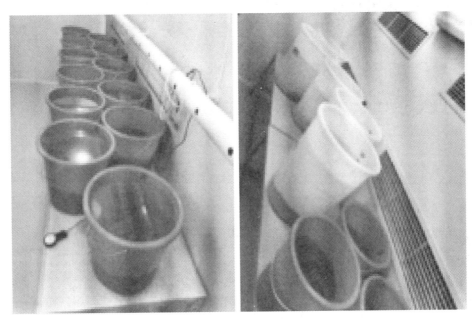

图 4-13 刈割后根茬萌发室内培养试验

2. 阶段性监测结果

（1）0 cm 水位处理最先萌发新苗，试验开始 3 天后萌发。

（2）试验进行两周后，各水深处理均有新苗萌发，但是，20cm 有一个桶始终无新苗。

（3）部分茬芯中发出新芽，其后长叶，且叶子较宽，但是，叶子不久后变黄，有枯死迹象。

（4）没有发芽的根茬，逐渐枯死。

图 4-14 为各淹水深度处理的萌发情况，预计试验将持续 3~4 个月。

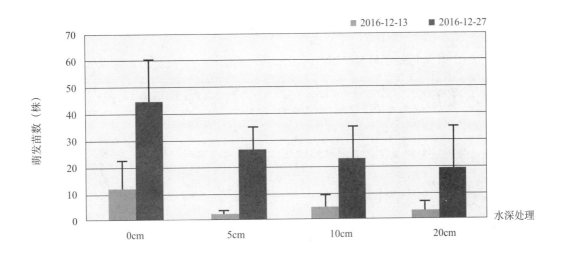

图 4-14 刈割后淹水根茬的萌发情况

海草是地球上唯一一类可完全生活在海水中的被子植物，由其构筑的海草床和红树林、珊瑚礁并称为三大典型的近海海洋生态系统，具有极其重要的生态功能，每年生态服务价值超过 12 万元 /hm²。海草床拥有极高的生产力和复杂的食物链结构，为众多动物（如贝类、虾蟹类、棘皮动物和鱼类等）提供重要的栖息、繁衍和庇护场所，同时为许多动物（如大天鹅、海胆、刺参等）提供重要的食物来源。此外，海草床还具有净化水质、捕获沉积物和固定底质等作用，是保护海岸的天然屏障，也是地球上最有效的碳捕获和封存系统之一，固碳量是森林的 2 倍以上。

自然保护区海岸线为 131km。该保护区水源充足，植被丰富，又因处于黄河流入渤海的交汇处，水文条件独特，海淡水交汇，离子作用促进泥沙的絮凝沉降，形成了宽阔的泥滩（即湿地），土壤含氮量高，有机质含量丰富，浮游生物繁盛，极适宜鸟类居集。以此为基础，吸引了大量过境和栖息繁殖的鸟类，同时，也提供了大片植物生长的土地，其中日本鳗草大量分布于黄河口两侧，其面积为 800～1200hm²，海草与互花米草群落相邻，形成独特的生态景观，为目前国内新发现的面积最大的日本鳗草海草床，也是面积最大的单种海草床。保护区日本鳗草海草床不仅为珍贵鸟类提供重要栖息地，而且也可作为鸟类重要食物来源，此外，大面积海草床还可以加速黄河泥土的沉降，从而起到净化水质的作用。

根据统计数据（表4-2），黄河河口日本鳗草生物量、茎枝高度和密度显示出明显的季节变化。据此，选取生物量高峰期代表月份 6 月作为调查研究月。

表4-2　2015 年 5 月和 8 月黄河河口区日本鳗草生物量、茎枝高度、密度和生殖枝比例

时间	总生物量（g/m²）	茎枝高度 (cm)	茎枝密度 (shoots/m²)	生殖枝比例
2015/5/9	210.19±118.88	7.83±2.90	5378.79±2208.49	—
2015/8/17	1492.00±361.24	34.31±11.17	3585.19±1125.54	0.63±0.12

一、调查区域

调查区域涵盖自然保护区潮间带，海草繁盛季节（选取代表月 6 月份）重点调查沿海的海草分布状况，全年重点对 3 个典型性海草床进行了详细剖面调查（图 4-15）。

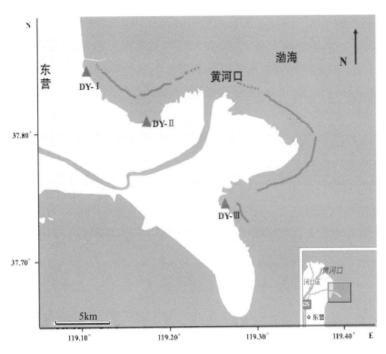

图 4-15　黄河河口区矮大叶藻分布示意图

(实线＝海草连续分布，虚线＝海草斑块分布，三角＝调查站位)

二、调查方法

调查选择了 3 个代表性站位（图 4-15），分别是 DY-Ⅰ（119°5′47″E，27°51′7″N），DY-Ⅱ (119°9′49″E，37°48′9″N)，DY-Ⅲ（119°14′29″E，37°43′45″N）。

DY-Ⅰ、DY-Ⅱ 和 DY-Ⅲ根据站点地理位置特点分别选取 1 个重点站点、5 个和 9 个站点，其中站点垂直于岸线呈一剖面，每个站点间距为 50m，挖取一个 D=10cm 的样方，洗去底泥将日本鳗草分装带回实验室。实验室测量日本鳗草茎枝高度、叶鞘高度、地上和地下生物量等。

三、调查结果

（一）基本情况

1. DY-Ⅰ调查基本状况

DY-Ⅰ重点站位的茎枝高度和叶鞘高度分别为 9.96±5.11cm 和 2.63±0.87cm，其日本鳗草密度为 2802.55 株 /m²，此时未发现有生殖株存在，地上、地下生物量分别为 152.87g 和 356.69g（表 4-3）。

表 4-3　2016 年 6 月黄河河口区 DY-Ⅰ日本鳗草生物量、茎枝高度和密度等参数

茎枝高度（cm）	叶鞘高度（cm）	茎枝数（株 /m²）	生殖株数（株 /m²）	地上生物量（g）	地下生物量（g）
9.96±5.11	2.63±0.87	2802.55	0	152.87	356.69

2. DY-Ⅱ调查基本状况

DY-Ⅱ设有 5 个站位，其中茎枝高度为 10.43±2.77～17.19±3.53cm，位于剖面中间的站点 3 茎枝高度最大，而分别位于两侧的站点 1 和站点 5 为最低，其分别为靠近米草海草边缘处和靠近裸露地域海草边缘处（图 4-16）。

DY-Ⅱ 5 个站点的叶鞘高度范围与茎枝高度的变化趋势类似，亦呈现中间高两端低的特点。其中，最大叶鞘高度为 3.66±0.67cm，最低叶鞘高度为 2.38±0.56cm（图 4-17）。

该研究地点茎枝密度均值为 4360.93g/m²，最大茎枝密度为 6496.82g/m²（站点 4）（图 4-18）。

该研究地点生殖株密度均值为 212.31g/m²，最大生殖株密度为 424.63g/m²（站点 3）（图 4-19）。

该研究地点生物量均值为 572.40g/m²。最大地上生物量为 658.17g/m²（站点 3），其地下生物量为 250.53g/m²；地下生物量最大值为 299.36g/m²（站点 4），其地上生物量为 573.25g/m²。最大生物量（地上和地下生物量总和）为 908.70g/m²（站点 3）（图 4-20）。

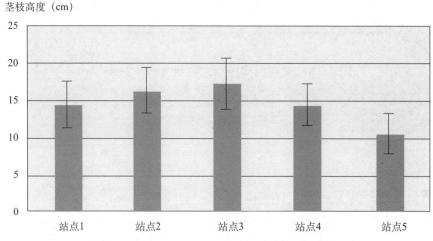

茎枝高度（cm）

图 4-16　黄河河口区 DY-Ⅱ日本鳗草茎枝高度

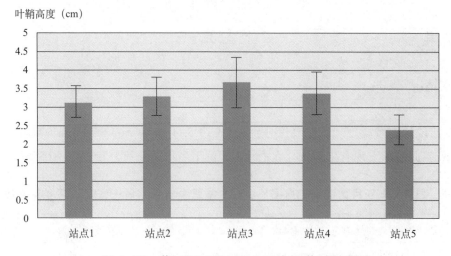

叶鞘高度（cm）

图 4-17　黄河河口区 DY-Ⅱ日本鳗草叶鞘高度

茎枝密度（株/m²）

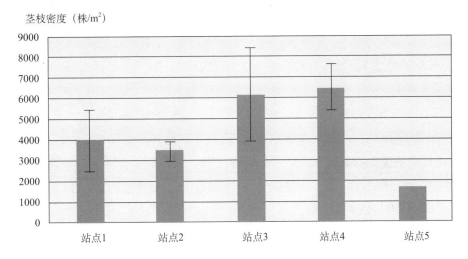

图 4-18　黄河河口区 DY-Ⅱ 日本鳗草茎密度

生殖株密度（株/m²）

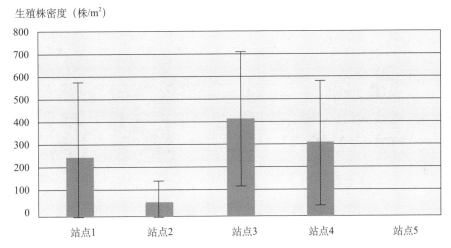

图 4-19　黄河河口区 DY-Ⅱ 日本鳗草生殖株密度

生物量（g/m²）

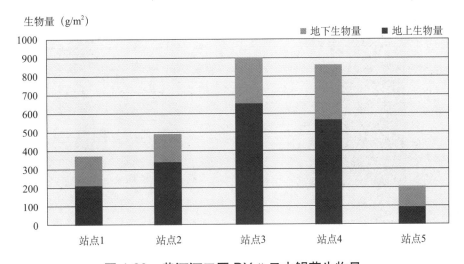

图 4-20　黄河河口区 DY-Ⅱ 日本鳗草生物量

3. DY-III 调查基本状况

该研究地点茎枝高度均值为 11.73cm。最大茎枝高度为 17.17cm（站点 8），其中站点 9 茎枝高度（14.41cm）仅次于站点 8，而高于其他各个站点（图 4-21）。

该研究地点叶鞘高度均值为 2.41cm。最大叶鞘高度为 3.23cm（站点 8）（图 4-22）。

该研究地点茎枝数均值为 4449.38 株 /m²。最大茎枝数密度为 8444.44 株 /m²（站点 8），其中站点 9 茎枝数密度（8088.89 株 /m²）仅次于站点 8，而高于其他各个站点（图 4-23）。

该研究地点最大地上生物量为 528.89g/m²（站点 8），其地下生物量为 1008.9g/m²；地下生物量最大值为 1031.11g/m²（站点 9），其地上生物量为 311.11g/m²。最大生物量（地上和地下生物量总和）为 1537.78g/m²（站点 8）（图 4-24）。

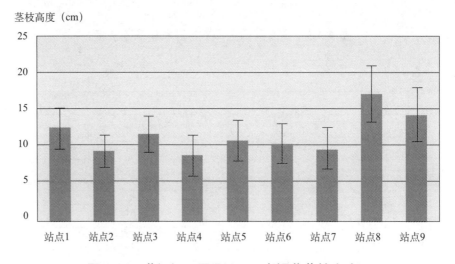

图 4-21　黄河河口区 DY-III 日本鳗草茎枝高度

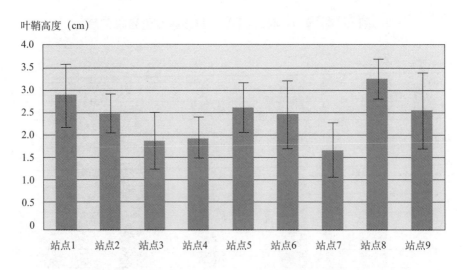

图 4-22　黄河河口区 DY-III 日本鳗草叶鞘高度

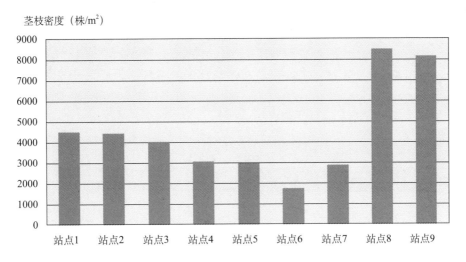

图 4-23 黄河河口区 DY-Ⅲ 日本鳗草茎密度

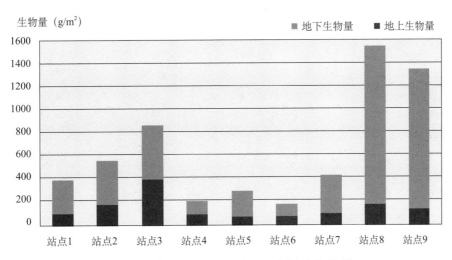

图 4-24 黄河河口区 DY-Ⅲ 日本鳗草生物量

第五篇
湿地修复／恢复模式试验

第一章

东方白鹳栖息地保护工程监测

自然保护区东方白鹳栖息地保护改善工程位于该保护区实验区，距大汶流管理站 8km，地势低而平坦，枯水期为斑秃盐碱地，丰水期全为水面，鸟类无觅食繁殖场所。

一、工程主要建设内容

一是鸟类栖息岛建设，新建鸟类栖息岛 6 处，筑岛 9.4 万 m²，土方 10.6 万 m³；二是建设鱼类生长避难区 6 处，结合鸟类繁殖岛工程，开挖深约 1～3m 的深水区，保证在枯水期鱼类有可以生长、繁衍的区域；三是建设东堤坝加固工程，拟对项目区东堤坝进行加固 1615m，将现有堤坝加宽至 15m，边坡采用 1∶5，动用土方 6.8 万 m³；新建连通闸 1 处，三孔，单孔净宽 1.5m×1.0m，双向止水；四是废旧堤坝整理与改造，整理南部废旧堤坝，使其形成形状自然、水面与地面相结合的自然繁殖岛，整理与改造面积 39hm²，动用土方 2.0 万 m³；五是进水渠疏浚工程，进行疏挖整治 2 条引水渠，边坡采用 1∶3，动用土方 7.3 万 m³。2014 年 12 月项目竣工并通过验收。2015 年开始开展项目区动态监测。

二、监测内容

（一）土壤盐度

在营建的 3 个栖息岛上布设 6 条固定样带，每条样带按照 30cm 高程梯度布设 5 个 1m×1m 的固定样方，以观测修复区不同高程土壤含盐量变化。于 2015 年 6 月 5 日、2015 年 9 月 20 日、2016 年 10 月 28 日，在每个固定样方，用直径 5cm 土钻随机采集 3 个 0～20cm 土壤样品，混合为 1 个土壤样品，自然风干后过 100 目筛，用于土壤含盐量测定。

（二）底栖动物

2015 年 9 月 20 日在 3 个鸟类栖息岛周边，根据水位梯度和有无植被情况设置采样点。在每个采样点，用直径为 10cm 的柱状采泥器，每次取样 15～20cm，取样 3 次，合为一个样品。样品通过 0.05mm 网筛进行过滤，保存于 95% 的酒精中，带回实验室进行分选、鉴定和称量。样品的处理和保存均按照《海洋调查规范》进行。

（三）鸟类动态监测

采用样点法和样线法相结合的方法，从 2015 年 7 月，于每月上旬按月度定期实施动态监测，监测至 2017 年 7 月。在修复区设定固定样线，以 2 km/h 的步速沿样线行走，记录样线两侧约 30 m 范围的鸟类。利用单筒、双筒望远镜（60～80 倍）及单反相机等仪器观察修复区内难以接近区域的鸟类种类、数量、行为和生境概况，参考《黄河三角洲鸟类》（刘月良，2013）进行鸟类鉴定，域内鸟类鉴定到种。

三、监测结果

（一）土壤盐分动态变化

土壤含盐量是衡量土壤受盐害程度大小的重要指标，跟植被生长有着密切的联系。在实施恢复工程的区域，淡水资源的补充使土壤盐碱化明显减轻。

图 5-1 显示了 2015 年复水前（6 月）、复水后（9 月）及 2016 年 10 月样带表层土壤含盐量变化情况。2015 年 6 月复水前，试验区各样点土壤含盐量在 3.804～5.645g/kg 之间，复水 3 个月后全盐含量范围为 3.852～4.924g/kg，第二年的含盐量在 2.963～3.822g/kg。由此可知，在复水之前，试验区内土壤盐碱化程度非常严重，复水 3 个月后，土壤的盐碱化程度即有所降低，至第二年土壤含盐量最高下降了 40%。

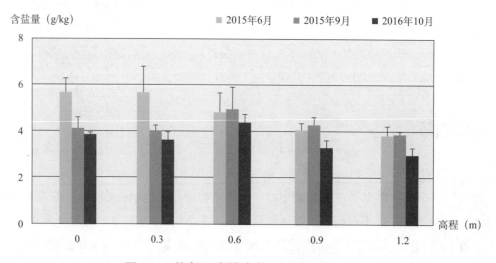

图 5-1　修复区土壤含盐量动态变化

（二）大型底栖动物恢复情况

2015 年 9 月 20 日，对试验区根据水深梯度和有无植被情况（主要为芦苇群落），设点取样，进行底栖动物群落调查。共采集样点 23 个。

本次调查共发现和鉴定大型底栖动物 23 种，主要包括节肢动物 14 种（11 种摇蚊，3 种虾类），

表 5-1　东方白鹳栖息地改善区底栖动物名录

名称	门类	出现次数	出现比例（%）
绯拟沼螺	软体动物	5	21.74
长角涵螺	软体动物	2	8.70
赤豆螺	软体动物	3	13.04
椭豆螺	软体动物	1	4.35
中国长足摇蚊	节肢动物	10	43.48
溪流直突摇蚊	节肢动物	3	13.04
柔嫩雕翅摇蚊	节肢动物	3	13.04
黄色羽摇蚊	节肢动物	10	43.48
缺损拟隐摇蚊	节肢动物	3	13.04
苏氏寡角摇蚊	节肢动物	22	95.65
羽摇蚊	节肢动物	4	17.39
恩菲摇蚊	节肢动物	3	13.04
德永雕翅摇蚊	节肢动物	5	21.74
多足摇蚊	节肢动物	4	17.39
红裸须摇蚊	节肢动物	4	17.39
细足米虾	节肢动物	4	17.39
钩虾	节肢动物	5	21.74
中华蜾蠃蜚	节肢动物	4	17.39
中蚓虫	环节动物	3	13.04
尖刺缨虫	环节动物	3	13.04
膜质伪才女虫	环节动物	2	8.69
苏氏尾鳃蚓	环节动物	4	17.39
弹涂鱼	脊索动物	1	4.35

占总物种数的 60.87%；软体动物 4 种（4 种螺类）和环节动物 4 种（苏氏尾鳃蚓），均占总物种数的 17.39%；脊索动物 1 种（弹涂鱼），占总物种数的 4.35%。

本调查的优势种为 3 种摇蚊，分别为苏氏寡角摇蚊（*Diamesa tsukuba*）、中国长足摇蚊（*Tanypus chinensis*）和黄色羽摇蚊（*Chironomus flaviplumus*），其中苏氏寡角摇蚊的优势明显，优势度为 0.454，在 22 个采样点均有分布（共 23 个采样点），中国长足摇蚊和黄色羽摇蚊优势度分别为 0.063 和 0.053，均在 10 个采样点有所分布。试验区经过土方工程后底栖动物将经过一系列的演替过程得到恢复，一般认为生长快的机会种会成为先锋种，在演替的早期阶段占优势，从而为更高营养级物种的出现准备了充分的食物来源。在本研究中，摇蚊幼虫是水体中重要的食物链中的一环，为后期鱼、虾、蟹等种群的恢复提供了优良的天然饵料。

（三）鸟类种类组成

自 2015 年 7 月至 2016 年 11 月，试验区栖息觅食鸟类共有 10 目 21 科 70 种（表 5-2），其中鸻形目鸟类种数最多，为 27 种（占 38.6%）；其次是雁形目，共 16 种（占 22.9%）；鹳形目有 9 种（占 12.9%）。70 种鸟类中，包括 3 种国家 I 级保护鸟类（白鹤、丹顶鹤和东方白鹳），10 种国家 II 级保护鸟类（灰鹤、普通鵟和白琵鹭等），以及 8 种山东省重点保护鸟类（草鹭、苍鹭、绿鹭、大白鹭、灰斑鸠、普通鸬鹚、鸥嘴噪鸥和红嘴巨燕鸥），重点保护鸟类的比例占到在此活动栖息鸟类种类的 29.6%。

表 5-2　试验区鸟类名录

	种类	生活型	居留型	保护类别	食性
	（一）鸠鸽科				
一、鸽形目	1. 灰斑鸠	攀禽	旅鸟	山东省重点保护	主食植物
	2. 珠颈斑鸠	攀禽	留鸟		纯食植物
二、戴胜目	（二）戴胜科				
	3. 戴胜	攀禽	留鸟		纯食动物
	（三）鹳科				
	4. 东方白鹳	涉禽	留鸟	国家 I 级	主食动物
	5. 白鹳	涉禽	旅鸟		纯食动物
	（四）鹭科				
	6. 苍鹭	涉禽	留鸟	山东省重点保护	纯食动物
三、鹳形目	7. 大白鹭	涉禽	旅鸟	山东省重点保护	纯食动物
	8. 白鹭	涉禽	夏候鸟		主食动物
	9. 草鹭	涉禽	夏候鸟	山东省重点保护	纯食动物
	10. 夜鹭	涉禽	夏候鸟		纯食动物
	11. 绿鹭	涉禽	夏候鸟	山东省重点保护	纯食动物
	12. 池鹭	涉禽	夏候鸟		纯食动物
	（五）鹤科				
四、鹤形目	13. 白鹤	涉禽	旅鸟	国家 I 级，CITES I 级	主食植物
	14. 灰鹤	涉禽	冬候鸟	国家 II 级	主食植物

（续）

	种类	生活型	居留型	保护类别	食性
	15. 丹顶鹤	涉禽	冬候鸟	国家Ⅰ级，CITES Ⅰ级	主食动物
四、鹤形目	（六）秧鸡科				
	16. 骨顶鸡	游禽	留鸟		主食植物
	（七）反嘴鹬科				
	17. 黑翅长脚鹬	涉禽	夏候鸟		纯食动物
	18. 反嘴鹬	涉禽	夏候鸟		纯食动物
	（八）鹮科				
	19. 白琵鹭	涉禽	旅鸟	国家Ⅱ级，CITES Ⅱ级	主食动物
	（九）鹬科				
	20. 鹤鹬	涉禽	旅鸟		纯食动物
	21. 青脚鹬	涉禽	旅鸟		纯食动物
	22. 黑尾塍鹬	涉禽	旅鸟		纯食动物
	23. 小杓鹬	涉禽	旅鸟	国家Ⅱ级	主食动物
	24. 中杓鹬	涉禽	旅鸟		纯食动物
	25. 大杓鹬	涉禽	旅鸟		纯食动物
	（十）蛎鹬科				
五、鸻形目	26. 蛎鹬	涉禽	夏候鸟		纯食动物
	（十一）鸻科				
	27. 环颈鸻	涉禽	夏候鸟		主食动物
	28. 凤头麦鸡	涉禽	旅鸟		主食动物
	（十二）鸥科				
	29. 黑嘴鸥	游禽	夏候鸟		纯食动物
	30. 黑尾鸥	游禽	冬候鸟		纯食动物
	31. 红嘴鸥	游禽	冬候鸟		纯食动物
	32. 银鸥	游禽	冬候鸟		纯食动物
	33. 普通海鸥	游禽	冬候鸟		纯食动物
	34. 须浮鸥	游禽	旅鸟		主食动物
	35. 灰背鸥	游禽	冬候鸟		纯食动物
	36. 红嘴巨鸥	游禽	旅鸟		纯食动物
	（十三）燕鸻科				

（续）

种类	生活型	居留型	保护类别	食性
37. 普通燕鸻	涉禽	夏候鸟		纯食动物
（十四）燕鸥科				
38. 鸥嘴噪鸥	游禽	夏候鸟	山东省重点保护	纯食动物
39. 普通燕鸥	游禽	夏候鸟		纯食动物
40. 红嘴巨燕鸥	游禽	旅鸟	山东省重点保护	纯食动物
41. 白额燕鸥	游禽	夏候鸟		纯食动物
42. 灰翅浮鸥	游禽	夏候鸟		纯食动物
43. 白翅浮鸥	游禽	夏候鸟		纯食动物
（十五）雉科				
44. 环颈雉	走禽	留鸟		主食植物
（十六）鸊鷉科				
45. 凤头鸊鷉	游禽	冬候鸟		主食动物
46. 小鸊鷉	游禽	留鸟		纯食动物
47. 赤颈鸊鷉	游禽	旅鸟	国家Ⅱ级	主食动物
（十七）鹡鸰科				
48. 灰鹡鸰	鸣禽	旅鸟		纯食动物
49. 白鹡鸰	鸣禽	留鸟		纯食动物
（十八）鸦科				
50. 喜鹊	攀禽	留鸟		主食动物
（十九）鹰科				
51. 普通鵟	猛禽	冬候鸟	国家Ⅱ级	纯食动物
52. 鹊鹞	猛禽	留鸟	国家Ⅱ级	纯食动物
53. 白尾鹞	猛禽	留鸟	国家Ⅱ级	纯食动物
（二十）鸬鹚科				
54. 普通鸬鹚	游禽	旅鸟	山东省重点保护	纯食动物
（二十一）鸭科				
55. 斑嘴鸭	游禽	留鸟		主食植物
56. 普通秋沙鸭	游禽	冬候鸟		主食动物
57. 斑头秋沙鸭	游禽	冬候鸟		主食动物
58. 红头潜鸭	游禽	旅鸟		主食动物

在表格左侧为目别分组：五、鸻形目；六、鸡形目；七、鸊鷉目；八、雀形目；九、鹈形目；十、雁形目。

（续）

种类		生活型	居留型	保护类别	食性
十、雁形目	59. 针尾鸭	游禽	冬候鸟		纯食植物
	60. 豆雁	游禽	冬候鸟		主食植物
	61. 灰雁	游禽	冬候鸟		主食植物
	62. 赤麻鸭	游禽	旅鸟		主食植物
	63. 赤膀鸭	游禽	冬候鸟		纯食植物
	64. 翘鼻麻鸭	游禽	旅鸟		主食动物
	65. 大天鹅	游禽	冬候鸟	国家Ⅱ级	纯食植物
	66. 小天鹅	游禽	冬候鸟	国家Ⅱ级	主食植物
	67. 疣鼻天鹅	游禽	冬候鸟	国家Ⅱ级	主食植物
	68. 鸿雁	游禽	旅鸟		主食植物
	69. 绿头鸭	游禽	留鸟		主食植物
	70. 凤头潜鸭	游禽	冬候鸟		主食动物

试验区内鸟类以纯食动物的鸟类为主（占 52.1%），如苍鹭、黑嘴鸥和鸥嘴噪鸥。其次为杂食性鸟类（占 43.6%），包括骨顶鸡、斑嘴鸭和绿头鸭等主食植物的鸟类（占 23.9%），以及小白鹭、丹顶鹤和东方白鹳等主食动物兼食植物的鸟类（占 19.7%）。单纯植食性鸟类较少，只有针尾鸭、赤膀鸭、珠颈斑鸠等 4 种。

就生活型而言，游禽有 35 种，占所有鸟类的 49.3%，其次为涉禽（26 种，36.6%），攀禽、走禽、鸣禽和猛禽相对较少，一共有 10 种，占所有鸟类的 14.1%。

就居留型而言，其中夏候鸟有 17 种，冬候鸟有 19 种，两者合计占所有鸟类的 50.7%，旅鸟有 22 种（31.0%），留鸟最少，只有 13 种，占所有鸟类比例的 18.3%。

2015 年东方白鹳栖息地改善区周边，东方白鹳繁殖种群有 100～150 只，共有 46 对东方白鹳参与营巢繁殖，43 巢繁殖成功，成功繁殖雏鸟 129 只，为恢复东方白鹳种群做出重大贡献。

第二章
生态廊道工程监测

生态廊道工程位于五万亩湿地恢复区内，进区南北路东侧，廊道改造区面积约为205.4hm²，廊道改造区植被面积比例占全区的65.6%，另有13.4%为裸地，水面面积约为21.0%。

于2015年7月至2016年11月进行月度鸟类栖息动态监测。计划示范区共监测到鸟类24种（图5-2），其中涉禽占到总种类的50.3%；廊道改造区共监测到57种鸟类（表5-4），约为计划示范区鸟类种类的2倍。其中，游禽有27种(47.4%)，涉禽21种(36.8%)，另发现猛禽4种（雀鹰等），攀禽4种（戴胜等），走禽1种（环颈雉）。可见，水面面积与裸地面积的增加使得生境多样性提高，为更多鸟类提供了觅食、栖息场所，显著增加了鸟类多样性。

对两区域鸟类生活型、居留型、食性等特征进行比较，进一步分析廊道改造对鸟类栖息环境以及鸟类多样性的影响。结果显示，计划示范区留鸟比例较高，主要为留鸟活动区。留鸟常年居住于此，活动范围及摄食区域较为复杂，因此植被覆盖面积对其影响不大；廊道改造区旅鸟18种，所占比例最高，为31.6%，冬候鸟比例为28.1%，留鸟为21.1%、夏候鸟为19.3%，各种居留型鸟类分布相对均匀，说明栖息环境多样化能够为各类鸟类栖息觅食提供其所需场所，更有利于鸟类多样性的保护。

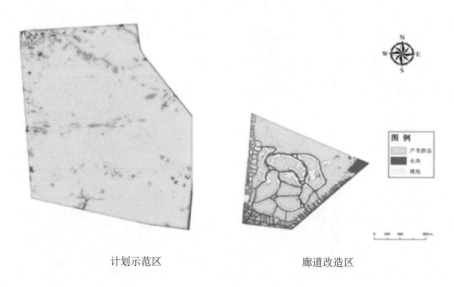

计划示范区   廊道改造区

图5-2 计划示范区与廊道区域遥感影像

表 5-3 计划示范区鸟类名录

	种类	生活型	居留型	保护类别	食性
一、戴胜目	（一）戴胜科				
	1. 戴胜	攀禽	留鸟		纯食动物
二、鹤形目	（二）秧鸡科				
	2. 骨顶鸡	游禽	留鸟		主食植物
三、鸻形目	（三）鹬科				
	3. 鹤鹬	涉禽	旅鸟		纯食动物
	4. 斑尾塍鹬	涉禽	旅鸟		主食动物
	5. 红腹滨鹬	涉禽	旅鸟		主食动物
	（四）反嘴鹬科				
	6. 黑翅长脚鹬	涉禽	夏候鸟		纯食动物
	（五）鸥科				
	7. 黑嘴鸥	游禽	夏候鸟		纯食动物
	（六）燕鸥科				
	8. 鸥嘴噪鸥	游禽	夏候鸟	山东省重点保护	纯食动物
	9. 普通燕鸥	游禽	夏候鸟		纯食动物
	10. 灰翅浮鸥	游禽	夏候鸟		纯食动物
	（七）燕鸻科				
	11. 普通燕鸻	涉禽	夏候鸟		纯食动物
四、鹳形目	（八）鹭科				
	12. 苍鹭	涉禽	留鸟	山东省重点保护	纯食动物
	13. 大白鹭	涉禽	旅鸟	山东省重点保护	纯食动物
	14. 白鹭	涉禽	夏候鸟		主食动物
	15. 草鹭	涉禽	夏候鸟	山东省重点保护	纯食动物
	16. 池鹭	涉禽	夏候鸟		主食动物
	17. 大麻鳽	涉禽	留鸟		纯食动物
	18. 夜鹭	涉禽	夏候鸟		纯食动物
五、鸡形目	（九）雉科				
	19. 环颈雉	走禽	留鸟		主食植物
六、鸊鷉目	（十）鸊鷉科				
	20. 凤头鸊鷉	游禽	冬候鸟		主食动物
	21. 小鸊鷉	游禽	留鸟		纯食动物
七、鹈形目	（十一）鸬鹚科				
	22. 普通鸬鹚	游禽	旅鸟	山东省重点保护	纯食动物
八、雁形目	（十二）鸭科				
	23. 斑嘴鸭	游禽	留鸟		主食植物
	24. 灰雁	游禽	冬候鸟		主食植物

表 5-4　廊道改造区鸟类名录

种类		生活型	居留型	保护类别	食性
一、鸽形目	（一）鸠鸽科				
	1. 灰斑鸠	攀禽	旅鸟	山东省重点保护	主食植物
二、戴胜目	（二）戴胜科				
	2. 戴胜	攀禽	留鸟		纯食动物
三、鹳形目	（三）鹳科				
	3. 东方白鹳	涉禽	留鸟	国家Ⅰ级	主食动物
	（四）鹭科				
	4. 苍鹭	涉禽	留鸟	山东省重点保护	纯食动物
	5. 大白鹭	涉禽	旅鸟	山东省重点保护	纯食动物
	6. 白鹭	涉禽	夏候鸟		主食动物
	7. 草鹭	涉禽	夏候鸟	山东省重点保护	纯食动物
	8. 夜鹭	涉禽	夏候鸟		纯食动物
	9. 大麻鳽	涉禽	留鸟		纯食动物
四、鹤形目	（五）鹤科				
	10. 白鹤	涉禽	旅鸟	国家Ⅰ级，CITESⅠ级	主食植物
	11. 灰鹤	涉禽	冬候鸟	国家Ⅱ级	主食植物
	12. 丹顶鹤	涉禽	冬候鸟	国家Ⅰ级，CITESⅠ级	主食动物
	（六）秧鸡科				
	13. 骨顶鸡	游禽	留鸟		主食植物
五、鸻形目	（七）反嘴鹬科				
	14. 黑翅长脚鹬	涉禽	夏候鸟		纯食动物
	15. 反嘴鹬	涉禽	夏候鸟		纯食动物
	（八）鹮科				
	16. 白琵鹭	涉禽	旅鸟	国家Ⅱ级，CITESⅡ级	主食动物
	（九）鹬科				
	17. 红脚鹬	涉禽	旅鸟		纯食动物
	18. 黑尾塍鹬	涉禽	旅鸟		纯食动物
	19. 泽鹬	涉禽	旅鸟		纯食动物
	20. 斑尾塍鹬	涉禽	旅鸟		主食动物

（续）

种类	生活型	居留型	保护类别	食性
21. 鹤鹬	涉禽	旅鸟		纯食动物
（十）蛎鹬科				
22. 蛎鹬	涉禽	夏候鸟		纯食动物
（十一）鸻科				
23. 环颈鸻	涉禽	夏候鸟		主食动物
24. 凤头麦鸡	涉禽	旅鸟		主食动物
（十二）鸥科				
25. 黑嘴鸥	游禽	夏候鸟		纯食动物
26. 红嘴鸥	游禽	冬候鸟		纯食动物
27. 银鸥	游禽	冬候鸟		纯食动物
28. 普通海鸥	游禽	冬候鸟		纯食动物
（十三）燕鸥科				
29. 鸥嘴噪鸥	游禽	夏候鸟	山东省重点保护	纯食动物
30. 普通燕鸥	游禽	夏候鸟		纯食动物
31. 红嘴巨燕鸥	游禽	旅鸟	山东省重点保护	纯食动物
32. 白额燕鸥	游禽	夏候鸟		纯食动物
六、鸡形目				
（十四）雉科				
33. 环颈雉	走禽	留鸟		主食植物
七、䴙䴘目				
（十五）䴙䴘科				
34. 凤头䴙䴘	游禽	冬候鸟		主食动物
35. 小䴙䴘	游禽	留鸟		纯食动物
八、雀形目				
（十六）伯劳科				
36. 灰伯劳	攀禽	冬候鸟		纯食动物
（十七）鹰科				
37. 白尾鹞	猛禽	留鸟	国家Ⅱ级	纯食动物
38. 雀鹰	猛禽	旅鸟	国家Ⅱ级	纯食动物
39. 普通鵟	猛禽	冬候鸟	国家Ⅱ级	纯食动物
（十八）鸦科				
40. 喜鹊	攀禽	留鸟		主食动物

注：五、鸻形目 对应第21～32行；六、鸡形目 对应第33行；七、䴙䴘目 对应第34～35行；八、雀形目 对应第36～40行。

（续）

种类	生活型	居留型	保护类别	食性
九、鹈形目	（十九）鸬鹚科			
	41.普通鸬鹚　游禽	旅鸟	山东省重点保护	纯食动物
	（二十）鹈鹕科			
	42.卷羽鹈鹕　游禽	旅鸟	国家Ⅱ级	纯食动物
十、雁形目	（二十一）鸭科			
	43.斑嘴鸭　游禽	留鸟		主食植物
	44.普通秋沙鸭　游禽	冬候鸟		主食动物
	45.豆雁　游禽	冬候鸟		主食植物
	46.灰雁　游禽	冬候鸟		主食植物
	47.赤麻鸭　游禽	旅鸟		主食植物
	48.赤膀鸭　游禽	冬候鸟		纯食植物
	49.翘鼻麻鸭　游禽	旅鸟		主食动物
	50.大天鹅　游禽	冬候鸟	国家Ⅱ级	纯食植物
	51.疣鼻天鹅　游禽	冬候鸟	国家Ⅱ级	主食植物
	52.鸿雁　游禽	旅鸟		主食植物
	53.绿头鸭　游禽	留鸟		主食植物
	54.针尾鸭　游禽	冬候鸟		纯食植物
	55.斑头秋沙鸭　游禽	冬候鸟		主食动物
	56.琵嘴鸭　游禽	旅鸟		主食动物
十一、隼形目	（二十二）隼科			
	57.红隼　猛禽	留鸟	国家Ⅱ级	纯食动物

图 2-27　采样点布设

图 2-29　采样

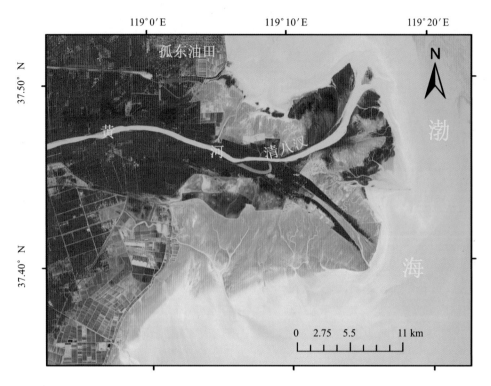

图 2-30 研究区（Landsat 8 OLI 5-4-3 波段）

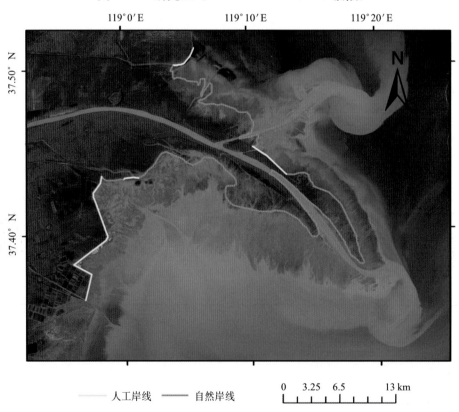

——— 人工岸线 ——— 自然岸线

（a）1996 年黄河口岸线

图 2-31 1996 年与 2016 年黄河口岸线分布（一）

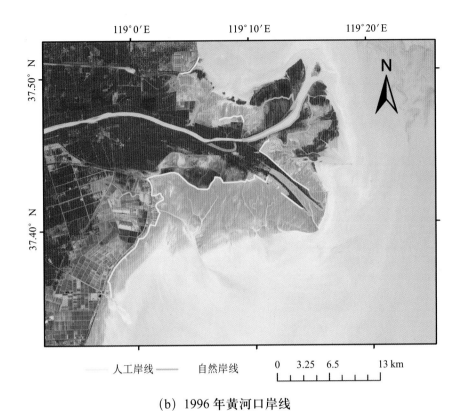

——— 人工岸线——— 自然岸线

（b）1996 年黄河口岸线

图 2-31b　1996 年与 2016 年黄河口岸线分布（二）

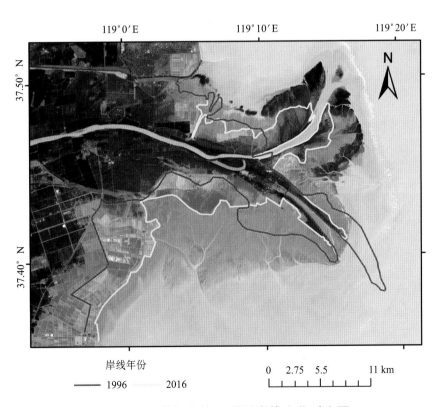

岸线年份

——— 1996　　2016

图 2-32　黄河入海口附近岸线变化对比图

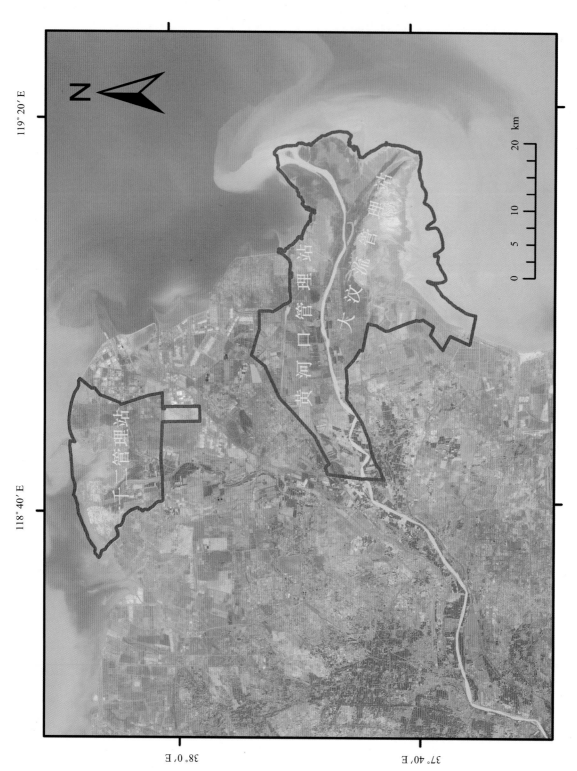

图 2-33 山东黄河三角洲国家级自然保护区陆域范围

图 4-3 黄河口潮间带 2015 年与 2016 年植被状况对比图

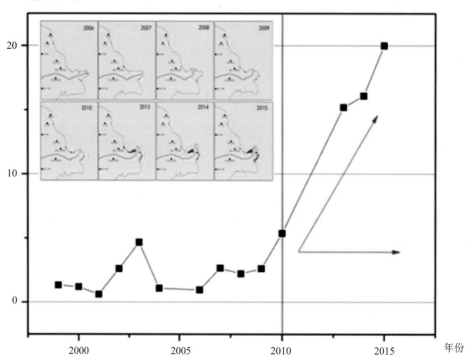

图 4-4　黄河口潮间带互花米草面积增长图

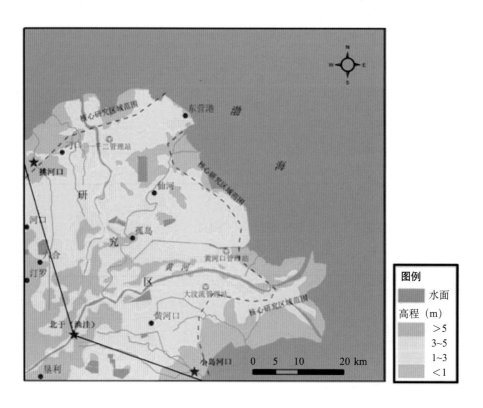

图 4-6　互花米草研究区域

图 4-10　布设野外防治试验

图 4-11　刈割 + 淹水控制试验

图 4-12　刈割后翻耕　　　　　　　图 4-13　刈割后根茬萌发室内培养试验

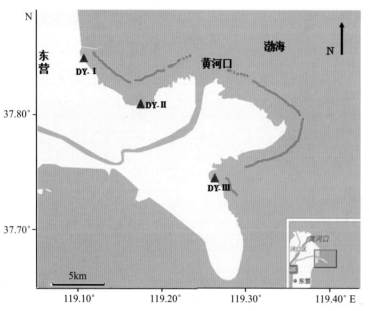

图 4-15　黄河河口区矮大叶
藻分布示意图

实线=海草连续分布，虚线=海草斑块分
布，三角=调查站位

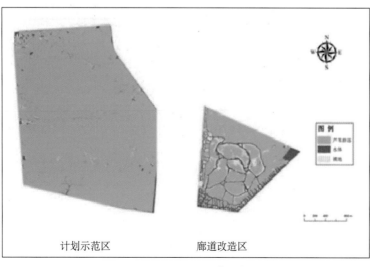

图 5-2　计划示范区与廊道区
域遥感影像